媒 介 文 化 研 究 丛 书

城市文化街区
及其媒介空间多元建构

Multidimensional Construction of Urban
Cultural Districts and Media-Spatial Practices

王利民 著

中国出版集团有限公司

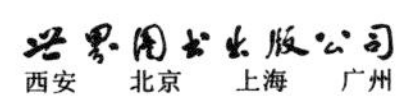
世界图书出版公司
西安 北京 上海 广州

图书在版编目(CIP)数据

城市文化街区及其媒介空间多元建构 / 王利民著.
西安：世界图书出版西安有限公司，2025. 1. -- ISBN
978-7-5232-1696-5

Ⅰ. TU984.191

中国国家版本馆 CIP 数据核字第 20245BZ483 号

城市文化街区及其媒介空间多元建构

CHENGSHI WENHUA JIEQU JIQI MEIJIE KONGJIAN DUOYUAN JIANGOU

著　　者	王利民
策划编辑	赵亚强
责任编辑	符　鑫
美术编辑	吴　彤
封面设计	王永刚
出版发行	世界图书出版西安有限公司
地　　址	西安市雁塔区曲江新区汇新路 355 号
邮　　编	710061
电　　话	029-87233647(市场营销部)　029-87234767(总编室)
网　　址	http://www.wpcxa.com
邮　　箱	xast@wpcxa.com
经　　销	新华书店
印　　刷	西安浩轩印务有限公司
开　　本	787mm×1092mm　1/16
印　　张	16.5
字　　数	220 千字
版　　次	2025 年 1 月第 1 版
印　　次	2025 年 1 月第 1 次印刷
书　　号	ISBN 978-7-5232-1696-5
定　　价	78.00 元

序　言

城市公共空间媒介文化研究虽然涉及“媒介”，但此“媒介”非我所认知的“媒介”。我所认知的“媒介”就是作为大众传播载体的报刊以及由此衍生出来的多媒体平台。因此，当王利民拿着《城市文化街区及其媒介空间的多元建构》书稿找我写序的时候，我首先是有点儿疑惑，媒体编辑研究媒介文化，能够跨越理论与实践之间的巨大鸿沟吗？其次是给他点赞，能够在繁忙的工作之余静心从事学术研究，这得需要多大的决心和毅力；最后才是阅读内容，完成给这本书写序的工作。读书稿的过程也算是拓展我对“媒介”认知领域的一种路径。

学术研究需要观照现实生活。换言之，现实生活中的许多问题，为理论研究提供了无数有价值的选题。我们从事的新闻业正发生着翻天覆地的变化，所处的时代和生活的这座城市也无时无刻不在发生着变化。结合这本书中所描述的研究对象——叁伍壹壹城市文化街区，审视十三朝古都西安的城市化进程，我们发现近年来出现了不少类似的城市公共空间，比如半坡国际艺术街区、大华·1935、老钢厂设计创意产业街区、电影圈子·西影电影产业集聚区、西安量子晨街区……这些昔日的老旧厂区能够蝶变重生，想必是内部逻辑与外部环境综合作用的结果，也是顺应城市发展潮流的结果。

用新闻的视角来梳理，这方面的报道也不少；用新闻的视角去发现，现象背后的动因值得探究。正如这本书中所描述的那样，在城市历史遗迹复活运动的背景下，在城市更新的现代规划理念作用下，西安的城市文化街区迎来了发展热潮，让工业化时期留下来的城市街区重新焕发活力，让身处其中的消费行为变成消遣，让人们的购买行为变成逛街，这种将人们从封闭式商业综合体中解放出来的城市街区备受老百姓青睐。

就其研究对象叁伍壹壹城市文化街区来说，曾经喧闹的三五一一厂虽然已经失去了昔日的光辉，显得有些落寞，但围绕在厂周边的居住格局与生活方式，仍然保持着一定的活力。对于这些原住民而言，厂区的再次激活，带给他们的不仅仅是连接过去的机会，更是提供了一个连接更多选择的可能性。通过对叁伍壹壹这个被重新改造且转化为具有鲜明特色的新型文化街区进行细致深入地研究，分析其媒介属性，探讨其媒介功能，聚焦其媒介作用，有助于在新的时代条件下不断拓展和整合相关文化街区和文化样态的意义底蕴。

王利民是报社首席编辑，长期从事时政新闻报道，策划执行了很多时政类重大主题报道。也正是因为长期从事时政新闻报道工作实践，他积淀了良好的政治素养，对包括与本研究相关的城市更新在内的一系列国家重大政策的理解相对比较透彻，对相关内容的掌握比较系统，可以说是媒体人转型做学术研究的优势所在。同时，媒体人的庞大社会关系网络也为他从事研究带来了很多便利。无论是与相关的职能部门协调关系，还是获取研究资料，无论是深入实地的田野调查，还是针对关键人物的深度访谈，对一名“记者型”的研究者来说都不是问题，报社也将一如既往地支持王利民在学术研究的道路上行稳致远。

从0到1突破，可以看到不一样的自己，也可以看到一名记者转型研究者的艰辛付出和努力蜕变。然而，学无止境，从1到2、3、4、5……的过程，不像写消息，也不像编版面，更不像剪视频，不是对新近发生的事实的报道，而是一件艰深、枯燥、乏味的“苦差事”。希望王利民能继续秉持新闻人的好奇心、求知欲、敏感性，在学术研究的道路上不断超越自己，打造学术精品。

华商报社总编辑

杨君

2024年12月

前言

随着城市更新理念与城市发展规划的有机融合，以及城市精细化管理能力的不断提升，向着“满足人民日益增长的美好生活需求”而行的城市文化街区建设正在如火如荼地推进，集历史文化传承与现代城市功能于一身的文化街区已经成为一种时尚和潮流。西安就出现了不少：书院门、回民巷、三学街、七贤庄、永兴坊、大唐不夜城步行街、兴善寺西街、老城根 Gpark、四海唐人街、大唐西市丝路风情街等，这些分布在大街小巷的文化街区是十三朝古都西安古韵、潮流与时尚的地标。

与传统历史文化街区不同，后工业化时代以“城中厂”为代表的工业遗存命运的变迁在城市更新理念的作用下，催生了一批全新的城市文化街区。西安同样有不少：建国门“老菜场”、大华·1935、西影厂电影圈子、半坡国际艺术街区、老钢厂设计创意产业街区、西安量子晨街区、叁伍壹壹城市文化街区等。这些新型城市文化街区正在改变着人们对传统文化街区的认知，老旧厂区经过改造提升后被赋予新的城市功能和文化内涵，成为工业遗存、城市发展、文化街区、商业运营“共融”的有机统一体。本文的研究对象叁伍壹壹城市文化街区就属于这一类，其前身是有着70多年辉煌工业历史的三五一一厂。

从三五一一厂到叁伍壹壹城市文化街区的蝶变转型过程，就是以历史性、系统性和多样性为着眼点，以物理空间建构和媒介空间建构为特色载体，以城市更新与老旧建筑遗迹改造为主要手段，以文化空间建构和记忆空间建构为核心价值，让工业建筑遗迹始终融入现代城市的规划系统、功能系统、文化系统、记忆系统和社会生活系统，从而实现老旧厂区的重生，并形成以此为特色的城市文化街区多元建构。

为了方便对城市文化街区媒介空间进行针对性地分析，首先要对媒介空间这一概念进行简要阐释。这里所说的空间是媒介技术发展的产物，是媒介为延续现实空间的关系而产生的存在，并在高度发展后成为与现实空间关系密切的，能够产生现实影响力的虚拟空间。媒介空间是在一定社会范围内，由人们共同参与的媒介活动所形成的公共传播情境，以及在该情境中聚合的公共传播网络，其功能主要是信息分享、社会交往、情感维系和文化认同。① 从这一定义来看，媒介空间可被理解为一种社会关系，正如曼纽尔·卡斯特所说："空间是一个物质产物，相关于其他物质产物——包括人类——而牵涉于'历史地'决定的社会关系之中，而这些社会关系赋予空间形式、功能和社会意义。"②

媒介空间是社会现实的反映，媒介空间是物质空间的符号表示。在界定清楚媒介空间的概念以后，以叁伍壹壹城市文化街区这个物质空间为研究对象，将抽象理论置于具象文化街区中进行阐释。通过对物理空间提升改造过程的研究梳理老旧厂区向现代城市街区更新的实现路径；通过对媒介空间建构的研究理清工业文明传承与城市记忆延续的多元表达；通过对文化空间建构的研究赋予叁伍壹壹城市文化街区独特的媒介意义和文化内涵；通过对记忆空间建构的研究赋予叁伍壹壹城市文化街区独特的情感记忆和交往记忆。

研究表明，以三五一一厂老旧建筑遗迹为基础改造提升而成的叁伍壹壹城

---

① 李彬，关琮严. 空间媒介化与媒介空间化——论媒介进化及其研究的空间转向［J］. 国际新闻界，2012，34（05）：38－42.

② Manuel Castells. The Urban Question［M］. London：Edward Arnold Ltd，1977：115.

市文化街区具有多重属性：首先，这里是一个富有工业历史厚重感且具有现代城市功能属性和商业属性的物理空间，其中城市功能建构是自我价值的体现，对商业属性的追求是可持续发展的保证；其次，这里是一个承载了各种表征符号、媒介形态以及话语体系的媒介空间，而且这个媒介空间囊括了全媒体时代几乎所有的媒介种类、形态、话语以及多渠道传播手段，同时这些媒介要素还在不断地重构着所属的媒介空间；第三，这里还可以被视为一个以媒介空间为载体的文化空间，不论是街区本身的艺术属性呈现，还是街区所承载的工业文化传承，甚至是商业街区时尚文化的多元表达，都是以厚重的工业文化底蕴为依托的多元文化“融合共生”与“自我迭代”的空间建构过程；最后，这里还是一个记忆空间，以“厂区”为代表的共同记忆、以“厂愁”为代表的共同情感，以“大院生活”为代表的共同行为，共同构成了一个特殊的记忆之场。

综上，三五一一厂通过城市文化街区及其媒介空间的多元建构实现“复活重生”，不仅为本次研究创造了具有历史纵深感的条件，也为遍地开花的同类型老旧厂区改造提供了理论支撑和实践经验，更为后续进行城市文化街区多样化研究提供了条件。当然，叁伍壹壹城市文化街区仍然在可持续发展的道路上探索前行，这也为后续进行深入研究提供了条件。

作为媒介文化研究的学术探索之旅，本书所呈现的研究成果仅仅是个开始，未来之路任重而道远，学术理想与学术实践之间存在着相当大的距离。这个差距大多数时候是难以逾越的，但只要秉持纯粹的科研初心，通过持之以恒的追求和坚持不懈的努力，两者之间的差距会逐渐缩小。因此，我会在接下来的研究中不断探索，砥砺前行，踔厉奋发，不断攀登城市公共空间媒介文化研究的高峰！

目　录

第一章
绪　论

“城市文化街区是指保留遗存较为丰富，能够比较完整、真实地反映一定历史时期传统风貌或民族、地方特色，存有较多文物古迹、近现代史迹和历史建筑，并具有一定规模的地区。”

——《历史文化名城保护规划规范》（国标GB/T50357－2005）

厚重的历史文化街区向人们讲述的是城市形成的历程，后工业时代的文化街区向人们讲述的是城市发展的进程，现代商业性文化街区向人们讲述的是城市发展的未来。本章从城市文化街区的发展历程和中国实践出发，以当下中国正在推进的“城市更新”为切入点，以西安后工业化时代老旧厂区的变迁为大背景，研究本文的研究对象——三五一一厂以及叁伍壹壹城市文化街区，分析基于工业遗迹选择性保护前提下形成的城市文化街区及其媒介空间建构。为了全方位地展示老旧厂区向城市文化街区的蝶变过程，以及以此为基础的媒介空间建构的过程，本文在后面的章节中特意将其分为物质空间、符号空间、话语空间、文化空间以及记忆空间予以阐释。其中物质空间讲的是街区本身的空间生产以及功能建构，是进行后续研究的前提，如果没有这个以物质形态存在的街区，后续的研究如同无本之木。符号空间重点强调了街区的媒介属性，也就是人们经常能看得见、摸得着、听得懂的符号，以及媒体对这一特定文化街区的报道情况。自媒体对这一特定文化街区的评价体系，属于媒介空间建构过程中相对客观的呈现。话语空间建构也是媒介表达的重要手段，更是媒介空间建构过程中的重要组成部分。之所以单独成章主要是考虑到它的信息生产、表达、传播具有主观性，更多的是运营主体主观意志的表达。文化空间的建构是对符号空间和话语空间的深化，是对符号表征系统和话语表达系统之下工业文化的深度解析，同时也是对叁伍壹壹城市文化街区内涵的赋义与阐释。记忆空间既是媒介空间建构的内容，也是媒介空间建构的最终呈现形式，毕竟只有记忆空间才是最能触及人们心灵的场域，唯有情感共鸣和行为趋同下的集体记忆空间，才是叁伍壹壹城市文化街区可持续发展的核心要义。

第一节　城市文化街区建构的时代意义

在城市化进程快速发展的今天，历史遗迹保护对许多地方来说是一个富有挑战性的课题，重点保护富有传统文化内涵的历史文化街区已经成为城市发展研究的一项重要议题。自20世纪70年代以来，城市历史遗迹和历史街区的保护逐渐被提上议事日程。人们越来越重视历史遗迹保护工作，追求文化价值的延续与历史记忆的留存。但是长期以来，人们习惯于把农业社会的寺庙、祠堂、陵墓、宫殿等历史悠久的建筑遗迹作为文化遗产加以悉心保护，而不够重视近现代重要的工业化进程中留存下来的工业历史遗迹及代表性建筑群体的保护，特别是对工业遗产的认同和保护急需提升。因为快速推进的城市化进程中，以“城中厂区”为代表的工业遗产正面临着“杀鸡取卵”式开发导致的消亡威胁，因此以工业遗存为载体进行城市文化街区建构具有重要的时代意义。

一、后工业时代城市文化街区的发展历程

从历史纵深角度梳理城市文化街区的保护工作历程会发现，刚开始的保护工作仅仅停留在保护富有深远历史意义的建筑物，主要是宫殿、寺庙、陵墓、故居、纪念馆等以历史名人为核心的建筑载体，例如西安的钟楼、鼓楼、大雁塔、小雁塔、秦始皇陵兵马俑、大兴善寺、大慈恩寺、城隍庙等都属于这一类建筑。此外，北京紫禁城、沈阳故宫、西安城墙、南京夫子庙、成都宽窄巷子等建筑群也是重点保护文物古迹，因为它们具有非常高的历史文化价值而获得保护。许多城市形成了以浓郁的历史文化氛围见长的历史遗迹保护区。它们营造出特有的场所感和认同感，彰显着一座城市厚重的历史文化底蕴。

然而，随着城市化进程的不断推进，特别是城市商业地产开发的兴起，人们发现这种单纯的建筑保护策略治标不治本，无法满足历史文化街区保护的系统性要求。毕竟历史建筑与周围环境是一个相互依存的对立统一体，单体建筑物或者聚集性建筑群保护得再好，周边环境的随意开发对历史遗迹所造成的伤害同样具有毁灭性。最终很多地方的历史遗迹保护出现了“只见树木不见森林”的尴尬境地，这种困境在后工业化时期工业化历史遗迹保护方面表现得尤为突出。因为工业化历史遗迹大多以厂区为物质空间，相对于传统意义上的历史文化遗迹而言，占地面积广、建筑数量多，文化价值没有古建筑那么高，特别是随着越来越多老旧厂区的功能变迁，需要开发性保护的工业化历史遗迹越来越多。因此，以“城中厂区”为代表的城市街区改造提升已经成为现代

城市规划领域的一项重要课题。本文的研究对象参伍壹壹城市文化街区就属于这一类研究课题的典型样本。与寺庙、宫殿、陵墓等传统意义上的历史文化建筑遗迹相比较，工业化过程中留下来的建筑物适应性、功能性、可变性更为突出，也符合现代城市更新理念的城市文化街区建设需要。

回顾工业革命的发展历程和社会变迁，工业化带来的不仅仅是生产方式的改变，建筑形态同样发生了翻天覆地的变化。自给自足或者小作坊时期形成的单体建筑无法满足工业化带来的流水线式生产需求，以联排式、街坊式、行列式等为主要形态的建筑群大面积出现。建筑物在布局上主要服务于工业化生产需要，虽然从功能上讲是为了生产需要，但客观上也带来了生活方式的巨变。厂区、社区、街区构成了形态多样的城市聚集区，相当于现在城市中的大型社区，但又比大型社区多了一项生产功能。这种城市聚集区形成了一个又一个富有鲜明工业特点的小型社会，其标志就是出现了由工业化生产过程中建筑群体和厂区环境共同构建的“工业空间”。这类建筑群与富有历史意义的古建筑相比呈现出以下特点：第一，占地面积广，保护难度大；第二，建筑形态单一，单体建筑物的文化价值不高；第三，社会属性强，再次直接利用的可能性不大；第四，适应性强，为功能性改造提升创造了条件。然而，随着时代的变迁和城市更新理念的提出，对工业历史遗迹和工业遗产的保护性提升改造势在必行。于是第二次城市历史遗迹保护思潮开始关注工业化时代形成的老旧厂房、城市景观、建筑环境以及城市街区，将保护的范围从建筑物本身扩大到区域层面，而区域性保护确实能够更好地保持这些工业历史遗迹的完整性、传承性、延续性，甚至还能赋予其新的生命力。

率先完成工业革命的英国在这方面表现得最为突出，因为英国工业遗产极为丰富，在世界遗产名录中以六项工业遗产位列世界首位，同时英国对工业遗产的研究与保护是世界上起步最早的，也是保护措施最成熟的。例如，位于英格兰西部什罗普郡的著名铁桥峡谷，是18世纪世界上最重要的工业中心之一，由于在矿业、铁器制造和机械工程制造方面的革新，被誉为工业革命的发祥地。这里汇集了采矿区、铸造厂、工厂、车间和仓库，密布着由巷道、轨道、坡道、运河和铁路编织而成的“工业化小镇”运输网络。当时的钢铁厂领导住宅、工人宿舍及各类公共设施点缀着峡谷森林，形成了一个独具“工业风”的社会生活空间。然而，经历了二十世纪上半期工业衰退后，铁桥峡谷从1968年开始进行大面积修复和重建，形成了一个由7个工业纪念地和主题博物馆、285个保护性工业建筑构成的工业革命遗址城市文化街区，占地10平方千米。

作为历史的见证，铁桥峡谷一带至今保留着最初的样子：重建的工业小镇留有当年用焦炭炼铁的熔炉，包括煤矿、铁路和工人住宅在内的早期工业区遗址也被完整地保存了下来，甚至连路灯也是当时铁制的煤气灯，完全再现了18世纪英国工业革命时期的风貌。正因为如此，铁桥峡谷城市文化街区每年吸引着30万游客前来观光游览，带动了该地区第三产业的发展，实现了老旧工业厂区向现代文化街区的蝶变重生。

再比如，现代工业社区的先行者新拉纳克是英国德文特河谷工业区的后继者，拥有规划整齐的住宅区、教育区和其他社区建筑，工厂依社区而建，拥有18世纪英伦各岛中最宽敞的多层式工业厂房。它的创建者大卫·戴尔和女婿罗伯特·欧文首次提出现代工业社区的概念，并在新拉纳克开始了一系列工业社区建设实践，可以说是人类社会发展史上的一个里程碑，对整个19世纪及之后的工业化进程产生了深远影响。但是随着世纪更迭，新拉纳克工业社区的功能发生了翻天覆地的变化，已经无法满足新型城市化进程中人们多样性的生活需求。为了尽可能保存这一世界遗产的原貌，为了更好地将人类首个工业社区完整地留给子孙后代，新拉纳克 1974 年建立了保存信托基金，并以此为资金来源开始进行大规模整修。废弃的一号车间被改建成一座酒店，原本已经拆掉的二层顶楼又重新修复，对三层的阳台进行了重建，还有一些修缮计划目前还在规划中。

在西方发达国家，类似老旧工业厂房改造的理论和实践已经比较成熟，经典案例也有很多。例如：美国纽约 SOHO、法国巴黎奥赛艺术博物馆、葡萄牙 Arquipé lago 现代艺术中心、丹麦罗斯基勒音乐节国民高等学校、西班牙巧克力工厂仓库改造民宿、丹麦哥本哈根 CopenHill 垃圾焚烧厂。有关这些经典案例的文献数不胜数，很多都成了经典的教材。

其中，作为世界闻名艺术区，美国纽约 SOHO 堪称经典之作，其原本是纽约十九世纪最集中的工厂与工业仓库区。美国 20 世纪中叶率先进入后工业时代，旧厂倒闭，商业萧条，仓库闲置废弃。正是在这个时候，美国艺术新锐群体开始崛起，各地艺术家以低廉的租金入驻该区，眼光敏锐的画商先后设立画廊，原来设在城市繁华街区的不少老字号画廊也相继搬迁至此。世界现代艺术史上的大师级人物沃霍、李奇斯坦、劳森柏格、约翰斯等先后成了这里的第一代居民，一些著名的画廊都是从纽约 SOHO 开始发展起来的。鉴于纽约 SOHO 已成为著名文化街区的事实，纽约市长于 20 世纪六七十年代之交做出了具有高度文化远见的决定：全部保留 SOHO 旧建筑景观，通过立法以联邦政府的立场确认 SOHO 为文化艺术区，从而奠定了其可持续繁荣之路，也成就了文化街区的世界经典之作。

即便成功的案例层出不穷，但在工业化历史遗迹保护措施推进过程中同样出现了一系列问题：保护成本高、维护花费大、收入渠道单一、资金来源少，还要承担区域内的公共管理职能，除非依靠政府财政的大力支持，否则很难持续进行下去，因此从根本上讲大规模的工业化历史建筑遗迹的保护仍然迫在眉睫。不仅如此，在现代化城市进程快速发展的过程中，越来越多工业时代的建筑、厂房、街区逐渐蜕变成需要保护的历史遗存，再加上人们对历史遗迹保护意识的逐渐提升，需要保护的东西越来越多，一味地让政府出资从事这项庞大的工作似乎也不现实，但是这些东西又不能一拆了之，毕竟是工业化进程的符号留存，是人类历史上具有开创意义的符号表征。

正是因为这种矛盾逐渐凸显，相关话题开始在世界范围内引起讨论：1973年，在世界最早的铁桥所在地——铁桥峡谷博物馆召开了第一届国际工业纪念物大会，引起了世界各国对工业遗产的关注；1978年，在瑞典召开的第三届国际工业纪念物大会上，国际工业遗产保护委员会宣告成立，成为世界上第一个致力于促进工业遗产保护的国际性组织，同时也是国际古迹遗址理事会工业遗产问题的专门咨询机构。以此为契机，国际社会逐渐开始对工业遗产保护形成广泛共识，工业遗产保护运动迅速蔓延至所有经历过工业化的国家，西方发达国家的影响最为突出。从2001年开始，国际古迹遗址理事会与联合国教科文组织合作举办了一系列以工业遗产保护为主题的科学研讨会，促使工业遗产能够在《世界遗产名录》中占有一席之地。需要特别强调的是国际古迹遗址理事会2005年10月在西安举行的第15届大会上做出的决定——将2006年4月18日“国际古迹遗址日”的主题定为“保护工业遗产”。

与此同时，一些率先完成工业化进程的发达国家在工业遗产保护理论上也进行了有益的探索。澳大利亚《巴拉宪章》让文物建筑寻找“改造性再利用”的方式越来越受到重视，并在工业遗产保护项目上加以推广。于是以“改造、提升、利用”为核心理念的第三次城市历史遗迹复活运动开始盛行，具体实践从注重单纯保护向历史遗迹复活和城市街区振兴转变，将工业历史遗迹保护与城市发展相关联，将城市街区与城市规划相结合，将文化传承与商业价值相结合。不但要守好工业历史遗迹本身的特殊性，还要考虑如何通过振兴手段让工业历史遗迹再现活力，产生经济价值、社会价值、文化价值、旅游价值以及城市文脉价值等，并通过这些价值综合运用最终实现自我造血功能，走可持续发展之路，这是后工业时代工业遗迹保护利用最理想的出路，也是现代城市发展与工业化历史建筑和谐共生的有效路径。

二、后工业时代城市文化街区的中国实践

西方发达国家的工业遗存“改造、提升、利用”之路正在推进，但是中西方在政治、经济、文化、人口、社会变迁以及城市建设理念等方面存在差异，工业化进程和城市化进程也相差甚远，国外经典案例经常会上演“橘生淮南则为橘，生于淮北则为枳”的尴尬局面。因此，对国内典型案例的分析同样非常重要，唯有分析中国特色的老旧工业街区改造，才能提供更加契合实际的借鉴意义和示范效应。北京 798 艺术区就是这方面的先行者，同时也是“改造、提升、利用”的中国样板工程。北京 798 艺术区所在的地方是前民主德国援助建设的“北京华北无线电联合器材厂”，即 718 联合厂。该厂筹建于 1952 年，5 年后正式开工生产。1964 年 4 月上级主管单位撤销了 718 联合厂建制，成立了 706 厂、707 厂、718 厂、797 厂、798 厂及 751 厂。2000 年 12 月，原 700 厂、706 厂、707 厂、718 厂、797 厂、798 厂六家单位整合重组为北京七星集团。为了配合大山子地区的规划改造，七星集团将部分产业迁出。为了有效利用产业迁出的空余厂房，七星集团将这部分闲置厂房进行出租。因为园区有序的规划、便利的交通、风格独特的包豪斯建筑等多

方面优势，吸引了众多艺术机构及艺术家前来租用闲置厂房并进行改造，逐渐形成了集画廊、艺术工作室、文化公司、时尚店铺于一体的多元文化空间，形成了具有中国特色的“纽约 SOHO”。由于艺术机构及艺术家最早进驻的区域位于原 798 厂所在地，因此这里被称为北京 798 艺术区。

后工业化时代类似北京 798 这样的“城市街区”更新项目非常多：广州七客创悦湾，前身是建于 1958 年的广州市第二棉纺厂区及工业配套区，改造后聚集 AI、科创互联网、文创等产业，配套新零售、时尚展示、人才公寓、美食健身等多元业态，提供一站式新型办公、商业、艺术等配套服务；南京秣陵九车间由建成于 20 世纪 90 年代的牛首工业园改造而成，改造后成为以“互联网 +”为核心的文化科技创意园区；长春水文化生态园是城市更新理念下的工业遗迹保护、改造、提升及运营项目，原为长春市第一净水厂，拥有 80 年长春市供水文化印记和 30 万立方米城市腹地稀缺生态绿地，是弥足珍贵的工业遗迹；2022 首钢西十冬奥广场位于首钢旧厂址的西北角，保留了原有的钢筋混凝土结构空间，建筑造型呈现出“保留”与“补充”的不同状态，以表达对现有工业建筑的尊重。此外，与本文研究对象非常接近的武汉良友红坊文化艺术社区，可以说是老厂房变身艺术街区的典型样本。

武汉良友红坊文化艺术社区的前身是 19 世纪 60 年代的老厂房，有 60 年代红砖、单层木桁架和瓦屋顶的厂房，有 20 世纪 80 年代多层砖混结构、水磨石外表面的厂房，还有 20 世纪 90 年代瓷砖或小马赛克外表的楼房。但是快速推进的城市化进程使得这个位于汉口三环线内的厂区逐步被边缘化，受杂草丛生、建筑破旧、排水不畅等问题的困扰，这个曾经的城市“棕地”变成了城市的伤疤，急需进行一场彻底的“手术”。在沉沦了十几年后，上海红坊集团于 2018 年接手这个厂区的运营，以历史建筑遗迹为载体对园区景观和核心建筑 ADC 艺术中心进行设计、改造、利用、提升。设计既没有采用置换式的大手术，也没有采用磨皮式的美容术，采用的是保留亲切感又有一点儿距离感的方式。让来到这个文化园区的人仿佛回到了小时候，仔细观摩又发现身处当代艺术环境中。这种时空对比产生的距离感，以及因此延续的厂区文脉，给目前轰轰烈烈的城市更新提供了一种新的方式。

图 1－1　武汉良友红坊文化艺术社区

为了给这些千差万别的工业遗迹一个统一的界定，为了重新激活这些特殊时期工业建筑遗迹的历史记忆，为了让后工业时期广大受众感知历史遗迹的现代性赋能。本书在研究过程中专门引入“城市街区”的概念，这个概念原本属于建筑学的范畴。到底什么是“城市街区”呢？托尔斯滕·别克林和迈克尔·彼得莱克编著的《城市街区》一书中写道，城市并不只是许多单栋房屋的集合，也不只是一座“大型建筑”和“巨型建筑群”。作为我们日常生活的舞台，城市中的邻里和街区是由一些建筑要素构成的，其尺度介于个别建筑单体与那些被称作邻里甚至整个城区的更大单元之间。这些要素在一栋房屋或者一块用地的个体性（和私密性）与更复杂城市环境的群体性（和公共性）之间起着中介作用，这些构成要素也可以被称为“城市街区”①。

很显然，“城市街区”作为城市空间的基本构成单元，为城市多样化空间建构提供了丰富的实践基础。同样，“城市街区”作为现代城市化进程中工业遗迹改造提升的重要组成部分，承载着具有时代特征的历史文化价值和现代功能价值，是历史与现实的统一，是文化属性与商业属性的统一。

三、后工业时代城市文化街区的西安样本

作为新中国工业化进程中具有重要战略意义的西部重镇，西安制造业门类齐全、军工实力雄厚，其中高端装备制造业层次较高。西飞集团、西电集团、中航工业集团、中航科工集团等大型央企、国企占主导地位，西光厂、东方厂、黄河厂、庆华厂、秦川厂、昆仑厂、普天厂、华山厂、庆安厂、远东厂、524厂、红旗厂、三五一一厂等，曾经也都创造了无数的辉煌历史。

正是这些工业企业给西安留下了大量亟待盘活的老旧工业街区资源，这些工业遗迹也是西安城市发展过程中需要长久保存和广泛传承的文明成果，是西安文化遗产中与其他历史文化遗产相比毫不逊色的重要组成部分。只是这些充满城市记忆的工业遗产的保护、开发和利用情况各不相同，也面临着不同的命运，有的拆除了，有的搬迁了，有的改造提升了。总之，这些老旧厂区基本上已经失去了原有的生产功能，“城中厂区”的地缘优势反而带来大面积拆迁的挑战，大多数老旧厂区成了现代化商业型城市主体，商圈、街区、小

---

① 托尔斯滕·别克林，迈克尔·彼得莱克.城市街区［M］.张路峰，译.北京：中国建筑工业出版社，2011：97－98.

区、社区都有所呈现。

然而，不管最后的呈现形式怎样，在注重城市历史遗迹保护的背景下，在中国高速发展的城市化进程中，在城市更新理念的推进下，城市文化街区迎来了全新的发展热潮，不少具有工业背景的城市街区开始重新焕发活力，实现了自我形态蜕变和自我价值重塑。同时，这种将人们从封闭式商业综合体中解放出来的城市街区改造提升潮流也备受老百姓青睐，让身在其中的消费行为变成消遣，让人们的购买行为变成逛街。这种城市文化街区的建设，于己是一种重生，于市场是一种认可。因此，以老工业街区改造提升为特点的城市文化街区在西安如雨后春笋般涌现：半坡国际艺术街区、大华·1935、老钢厂设计创意产业街区、西安量子晨街区、叁伍壹壹城市文化街区等。

例如，老钢厂设计创意产业园原本是生产军工配件的陕西钢厂，20 世纪 80 年代达到生产鼎盛时期，但在时代变迁中逐渐沉寂。1988 年陕西钢厂转型停产，但停产不等于消亡，毕竟这里记录着一代人的豪情和梦想。为了留住工业遗存和集体记忆，通过创意、文化、生活等各种元素的叠加，老钢厂有了浓厚的艺术氛围，焕发出崭新的生命力，红砖墙铁楼梯铸就的现代工业风，保留着这个西北工业重镇的时代记忆，是许多文艺青年追捧的拍照胜地。曾经的车间变为艺术展厅、文艺气息十足的咖啡馆，车间轨道改造的屋顶以及随处可见的工业机械感，共同书写着历史并提醒现代人去感悟曾经的“工业风”，“钢铁化为绕指柔”的艺术氛围很容易勾起人们对过去的回忆。

再比如，半坡艺术区曾是国家“一五”期间建设的西北地区最大的纺织工业基地。整片纺织城区域曾经是西安最繁华的地段，被美誉为“小香港”。这个具有厚重历史的纱厂更是西安工业文明的符号，后来虽然在历史的变迁中逐渐退出舞台，但这里承载着老一辈“纺织人”美好的回忆和青春岁月。为了记忆、延续和传承，如今的半坡国际艺术区以天马行空的艺术涂鸦而闻名，老旧厂区车间被创意涂鸦装扮后重新焕发出年轻时尚的活力。

基于历史遗迹保护的现实和城市街区的演变进程，以及后工业时代城市街区的发展潮流，本书选择工业化特征明显的叁伍壹壹城市文化街区为研究对象，其前身是位于西安市昆明路与民洁路附近的三五一一厂，曾经是一个具有70多年历史的典型军工企业。这座西北最大的毛巾厂从1954年搬迁至此，到2012年彻底搬离，几经沉浮最终完成了历史使命，成为经改造提升后的符合现代城市气息的城市文化街区，产生了满足现代人不断增长的物质文化需求的功能。

纵观三五一一厂的发展历程，对于大部分有着相似阅历和相同记忆的人来说，一草一木、一砖一瓦以及厂房连同这片街区，是一首时代变迁与个人命运共同演奏的交响曲，是经常勾起人们年代记忆的特殊媒介符号和记忆符号。在当下快速发展的城市化进程中，曾经喧闹的厂区虽然已经停产，工业化特色街区显得有些落寞，但围绕在这座老军工厂周边的居住格局与生活方式仍然保持着原有的活力。对于这些具有共同记忆的人们而言，厂区的再次激活，带给他们的不仅仅是连接过去的机会，更是提供了一个连接更多选择的可能性。因此，1座老厂区，77棵大树，3栋包豪斯风格的厂房，10栋具有年代感的老建筑，等待的不仅仅是改造提升，更是一种包裹着个体生活、街区氛围、文化空间、情感共鸣的“复兴”与“再生”。

四、小 结

从历史名胜古迹的保护到后工业时代城市街区的改造提升，从率先完成工业革命的西方发达国家到逐步推进中国特色社会主义现代化进程的发展中国家，通过“城市街区”改造提升让老厂区焕然重生已经成为一种历史文化保护的选择、工业文明再现的选择和现代城市精细化管理的选择。“城市街区”

复兴已经成为城市留住时代印记的理想之路，居民找回曾经记忆的幸福之路。三五一一厂的改造提升是顺应历史潮流之作，叁伍壹壹城市文化街区的建设是顺应城市发展之作，将其置于后工业时代城市更新大背景下进行研究意义非凡，将其置于城市更新理念下，对城市街区建构进行研究具有很强的示范效应。

第二节 “城市更新”理念及其文化街区赋义

作为人类历史进程中的重要符号，作为现代城市化进程中的重要标志，工业历史遗迹是近代工业文明与现代城市文明共同融合发展的时代产物，时刻向人们展示着一座城市的历史文化价值与精神审美意义。作为城市文化的重要组成部分，时刻提醒着人们一座城市曾经的辉煌，同时也为城市居民留下了更多的向往，因此在众多方面更能满足文化产业提升的巨大需求。出于历史传承、文化延续的需要和时代发展、城市规划的选择，后工业化时代的“城市街区”建设带来了城市发展的新机遇，以老工业厂区和老旧街区提升改造为核心的“城市更新”运动已经在世界范围内推广、发展。工业化进程相对滞后的中国近年来也开始了类似工业遗迹复活的进程，以工业化为背景的城市街区在全国范围内遍地开花。

一、“城市更新”理念的演变过程

关于“城市更新”理念的溯源众说纷纭。早在20世纪40年代，以英、美为代表的西方发达国家就在相关法律中对城市更新做出了规定，并在实践过程中积极推动相关法律的制定与完善，逐步形成了涵盖建筑（住宅）、社区、街区、道路交通等众多城市肌理的法律制度，逐步完善涉及开发、建设、发展、自然环境与历史遗迹保护等内容的法律体系，一定程度上减少并降低了城市更新过程中政府决策的盲目性和错误率。“城市更新”理念虽然有相关规定，但是没有给出明确的概念，目前有据可查的概念起源于1949年美国住宅法中的“城市再发展”。

当时“城市再发展”提出，市中心区拆除重建由联邦政府补助更新方案中三分之二的金额，也就是说通过市中心区域老旧建筑物的改建、贫民窟的迁置以及历史遗迹的保护，创造一个美好的工作场景与居住环境。结合具体实践对这个法律界定的概念进行一个相对理论化的概括，城市更新可定义为：通过维护、整建、拆除等方式使城市里的老旧小区、废旧厂区、文化街区得以再利用，并强化其区域功能，增进社会福祉，提高生活品质，促进城市健全发展。

当然，“城市更新”起源于西方发达国家绝非偶然。首先，西方发达国家工业基础雄厚，为“城市更新”创造了条件；其次，二战后因为一些大城市中心地区人口和工业出现向郊区迁移的趋势，率先推进城镇化的美国、英国、德国、法国等工业化程度较高的发达国家开始从城市中心区改造与贫民窟清理入手，分阶段推动城市更新运动。后来伴随着城市化进程的不断推进和经济社会发展形势的不断变化，城市更新的主要内容、更新对象、推进途径、功能实现也发生了相应变化，实现了由单纯物质更新转向社会效益的综合平衡。

虽然城市更新实践已经在一些发达国家不断推进，但“城市更新”作为一种理念正式推出是在1958年8月，在荷兰召开的第一次城市更新研讨会上对“城市更新”做了详细说明：“生活在城市中的人对于自己所居住的建筑物、周围环境或出行、购物、娱乐及其他生活活动有各种不同期望和不满，于是提出对这些方面进行改造，以形成舒适的生活环境和美丽的市容，包括所有这些内容的城市建设活动都是城市更新。”①

虽然城市更新的最终目的是解决城市发展过程中存在的问题，实现城市自我发展与居民生活追求的同步向好，但是城市更新还要注重促进空间、经济、社会和文化的综合发展，特别是在工业化历史遗迹的保护过程中更要发挥建设性作用。西方发达国家在城市更新中高度重视保护性更新，特别是那些有着悠久历史文化的城市。当然西方发达国家的很多历史文化与工业文明密不可分，与前文中提到的工业化历史遗迹保护关系更加密切。城市更新更多是在保护历史文化遗产的基础上对工业遗存进行维修，改造那些具有工业历史的“老旧厂区”“老旧小区”“老旧街区”以便提升城市形象。

例如，法国在综合推进城市更新与历史遗迹保护的过程中，以市场机制为主导，政府提供辅助融资促进房屋产权贷款，设立专门用于鼓励历史建筑遗迹的所有者对自己所有的传统建筑物进行改造的低息贷款。对于国家层面确定需要保护的历史建筑，尤其是具有时代意义的工业化建筑遗迹，国家与所有者达成协议，所有者在没有获得有关部门同意的情况下，不能对自己的建筑进行任何变动，若进行必要的修缮可申请获得维修成本25%至50%的国家补助。

与此同时，由于历史文化遗迹具有文化传承特性，西方发达国家还将城市更新与文化创意产业有机结合，打造城市文化产业的空间载体，提高传统建筑产业的创新能力，在城市更新尺度上开始重视小规模、区域性改造，并积极促进公、私、社区三方作用的发挥。如欧盟推出“欧洲文化之都”、英国推出“不列颠建筑与设计之城”等城市更新计划，吸引世界各地知名城市建设专家、企业家、艺术家支持和参与城市更新，鼓励举办展览、竞赛、社区艺术项目等活动，引导城市通过打造设计作品、工程设施、历史建筑、优

① 董玛力，陈田，王丽艳. 西方城市更新发展历程和政策演变［J］. 人文地理，2009（5）：42-46.

秀传统等，吸引人们居住、工作、游憩，促进已经衰落的老旧厂区的复兴。再比如，法国2000年颁布的《社会团结和城市更新法》将城市更新定位为以推广节约利用空间和能源、复兴衰败城市地域、保护城市历史遗迹、提高社会混合属性为特点的新型城市发展模式。

为了更好地理解城市更新理念在西方发达国家的实践过程，在这里以率先完成工业化的英国为例进行纵向梳理。英国的城市更新兴起于20世纪50年代，在城市理念演进过程中曾经使用“城市新生”“城市改建”和“城市复兴”等概念表达与城市更新相似的内涵。但受到所处时代背景和相关政策法规等外部因素的影响，这些表达之间有一些明显差别：如20世纪60年代兴起的“城市改建”主要受公共设施和住房建设驱动，重点对市内过度拥挤的贫民窟进行大规模再开发和改造；20世纪80年代兴起的“城市更新”侧重于经济发展和市场化的地产开发，如伦敦码头区的开发就属于“城市更新”的范畴；20世纪90年代后英国新工党执政时期，城市更新的提法被“城市复兴”所取代。2000年，英国城市更新协会最佳实践委员会主席罗伯茨对英国城市更新给出了定义：“用一种综合的、整体性的观念和行为来解决各种各样的城市问题，致力对处于变化中的城市经济、社会、物质、环境等方面做出长远的、持续性的改善和提高。”①

进入21世纪，英国的城市更新主要侧重于解决5个方面的问题：物质环境——致力于改善建成环境并促进环境可持续发展；生活质量——努力提高物质生活条件、促进地方文化活动或改善特定社会群体的配套设施；社会福利——致力提升特定地区的基本社会服务供给水平；经济前景——积极通过创造工作机会、教育培训计划来提高贫困人群和地区的就业率；治理模式——制

---

① 安德鲁·塔隆. 英国城市更新［M］. 杨帆，译. 上海：同济大学出版社，2017：165.

定更开放的公共政策，注重构建更为多元的合作关系，引导城市管理向城市治理转变，更强化多元利益主体和社区参与。①

二、“城市更新”理念的中国实践

以英国为代表的西方发达国家的“城市更新”理念经过长期实践已经步入正轨，但中国的工业化进程和城市化进程与西方发达国家的历程截然不同，所以这里需要特别强调“城市更新”理念的中国特色之路。首先从时间上看起步较晚。“城市更新”理念在中国的发展开始于1989年，以政府主导的旧城改造为主，以完善民生配套为目标。1990年到2007年，以民营开发商主导的改造为主，众多大规模、高速无序、简单粗暴的城市改造使得公共性不足、历史文脉断裂、生态破坏等诸多问题显现。特别是随着1994年《国务院关于深化城镇住房制度改革的决定》公布，以及1998年单位制福利分房正式结束，全国掀起了房地产开发热潮，大面积拆迁和商业性房地产开发导致各种社会矛盾突出，原来那些“城中厂区”大多数因为地理位置较好而成为地产商垂涎的目标，这种盲目地过度开发导致城市无法实现可持续发展，城市适应力、生命力迅速衰弱丧失。鉴于此，2008年开始，政府开始介入城市改造，建立规划管理机制引导市场化运作，全面推进“自下而上、人本诉求”的有机更新理念，城市更新日益趋向于社会、经济、文化、物质、环境等多维度的升级改造。

2010年以来，国家层面对于城市更新中的“城市街区”改造提升做了一系列布局。2014年《国家新型城镇化规划（2014—2020年）》出台，标志着我国城镇化发展进入了质量提升的战略性调整阶段。在注重城市内涵发展、提升城市品质、促进产业转型、加强土地集约利用的趋势下，城市更新理念

---

① 刘晓逸，运迎霞，任利剑. 2010年以来英国城市更新政策革新与实践［J］. 国际城市规划，2018，33（02）：104－110.

和城市街区建设日益受到关注。在2015年召开的中央城市工作会议上提出，要控制城市开发强度，科学划定城市开发边界，推动城市发展由外延扩张式向内涵提升式转变。2016年出台的《中共中央国务院关于进一步加强城市规划建设管理工作的若干意见》提出，要有序实施城市修补和有机更新，可以说一个全新的“城市更新”时代开始出现。2019年中央经济工作会议再次提出，要加强城市更新和存量住房改造提升；国务院办公厅同年发文指出，鼓励将老旧工业厂区改造为商业综合体、消费体验中心、健身休闲娱乐中心等多功能、综合性的新型消费载体。

在这一大背景下，北上广深四个一线城市率先做出改变，广州在2015年2月挂牌成立了中国首个“城市更新局”。此外，这些一线城市也在不断建立和完善城市更新相关的管理法律、法规。上海出台《上海市城市更新实施办法》《上海市城市更新规划土地实施细则（试行）》《上海市城市更新规划管理操作规程》《上海市城市更新区域评估报告成果规范》等重要文件，深圳出台《深圳市城市更新办法》《深圳市城市更新办法实施细则》和《深圳市城市更新标准与准则》等重要文件。特别是2016年《广州市城市更新办法》的出台，标志着我国城市更新从土地更新向综合城市空间更新的思路转变，工作方式也从大拆大建、独立产权单位更新走向全面改造与微改造相结合的模式。

从顶层设计开始着手，四个一线城市结合自身实际情况，从广度和深度上全面推进城市更新工作，呈现以重大历史事件为契机提升城市发展活力的整体式城市更新、以产业结构升级和文化创意产业培育为导向的老工业区更新再利用、以历史文化保护为主题的历史地区保护性整治与更新、以改善困难人群居住环境为目标的棚户区与城中村改造，以及突出治理城市病和让群众有更多获得感的城市双修等多种类型、多个层次和多维角度的探索新局面。广州的永庆坊是城市有机更新的经典案例，通过导入新业态，让老城区逐渐焕发出新活力。改造后的永庆坊为青年创客们提供了实现梦想的土壤，已开业运营的永庆坊一期便吸引了近60家文化创意、精品民宿、创意轻食、文化传媒等商户和企业，实现社会效益与经济效益双赢。在北上广深的示范带动下，工业化基础和经济实力相对雄厚的南京、杭州、武汉、沈阳、青岛、三亚、海口、厦门、西安等城市也紧随其后，在城市更新的实施机制与制度建设方面进行大胆探索与突破。

从国家长远规划层面来讲，城市更新正式提上“议事日程”始于2020年，《中共中央关于制定国民经济和社会发展第十四个五年规划和二〇三五年远景目标的建议》中，将“实施城市更新行动”作为建议列入。2021年3月举行的全国两会上，“实施城市更新行动”首次列入政府工作报告。2021年3月11日，十三届全国人大四次会议表决通过了《关于国民经济和社会发展第十四个五年规划和2035年远景目标纲要的决议》，“实施城市更新行动”首次被列入五年规划。

回顾2016年3月16日发布的“十三五”规划文件，相关表述以棚改、老旧小区改造为主。“十四五”规划纲要明确提出要加快推进城市更新，改造提升老旧小区、老旧厂区、老旧街区和城中村等存量片区功能，推进老旧楼宇改造，积极扩建新建停车场、充电桩。根据“十四五”规划纲要，“十四五”期间计划完成2000年底前建成的21.9万个城镇的老旧小区改造，基本完成大城市老旧厂区改造，以及改造一批大型老旧街区。

2021年8月30日印发的《住房和城乡建设部关于在实施城市更新行动中防止大拆大建问题的通知》要求探索可持续更新模式：不沿用过度房地产化的开发建设方式，不片面追求规模扩张带来的短期效益和经济利益；鼓励推动由“开发方式”向“经营模式”转变，探索政府引导、市场运作、公众参与的城市更新可持续模式；政府注重协调各类存量资源，加大财政支持力度，吸引社会专业企业参与运营，以长期运营收入平衡改造投入，鼓励现有资源所有者、居民出资参与微改造；支持项目策划、规划设计、建设运营一体化推进，鼓励功能混合和用途兼容，推行混合用地类型，采用疏解、腾挪、置换、租赁等方式，发展新业态、新场景、新功能。

国家有政策，社会有需求，更新有保障。从社会现实情况来看，越来越多的老旧厂区“功成身退”，城市更新才有了更广阔的空间，工业遗迹在城市更新过程中的作用也日益凸显。《城市更新系列 – 2019 中国工业遗存再利用路径与典型案例白皮书》指出，国内工业遗存空间资源约为 30 亿平方米，可挖掘潜力大，这意味着我国城市开发建设和城市更新方式将开启转型升级的全新格局，工业遗迹改造提升也迎来了全新机会。

很显然，“城市街区”复兴既符合城市更新过程中集约化发展的需要，也符合现代城市化进程的时代潮流，也是城市化进程中工业历史遗迹保护的必由之路。在“城市街区”改造提升中要建立遗存保护与文化传承体系，加大对具有厚重工业历史文化底蕴的城市街区的保护力度，保护具有历史文化价值的建筑及其影响地段的传统格局和风貌，推进历史文化遗产的活化与再利用，而有着 70 多年工业历史的三五一一厂恰好符合这些要求。

三、“城市更新”理念的西安样本

不论是国家顶层设计层面，还是国内先行先试城市具体实践层面，“城市更新”已经成为一种潮流和趋势。在“城市更新”思潮的影响下，西安曾经以大拆大建为主的城市“外延式”发展之路，逐渐让位于以完善城市功能、提升市民获得感为目标的“内涵式”发展模式。例如，2018 年 11 月，西安印发的《棚户区和村庄三年清零行动方案（2018—2020）》提出，近两年改造的城中村、棚户区涉及土地面积超过了 17 平方千米。2019 年 10 月，西安“三改一通一落地”民生工程全面启动，仅用600天时间完成了所有改造更新任务：“三改”改的是2000多个老旧小区、64个城中村（棚户区）、599条背街小巷；“一通”通的是59条断头路；“一落地”落的是1000多千米的架空线。

无论是城中村、棚户区改造还是“三改一通一落地”，西安开启了符合自身条件的“城市更新”探索之路。也正是因为有了这些方面的探索和实践，西安得以入围“国家第一批城市更新试点城市”。

2021年11月4日，住建部公布了《关于开展第一批城市更新试点工作的通知》，西安、北京等21个城市被确定为“国家第一批城市更新试点城市”。《通知》明确了第一批城市更新试点目的：针对我国城市发展进入城市更新重要时期所面临的突出问题和短板，严格落实城市更新底线要求，转变城市开发建设方式，结合各地实际，因地制宜地探索城市更新的工作机制、实施模式、支持政策、技术方法和管理制度，推动城市结构优化、功能完善和品质提升，形成可复制、可推广的经验做法，引导各地互学互鉴，科学有序地实施城市更新行动。通知特别提出要坚持“留改拆”并举，以保留利用提升为主，开展既有建筑调查评估，建立存量资源统筹协调机制。

在住建部2021年8月发文严控城市更新中大拆大建的情况之后，再加上学习了北京、上海、广州、深圳等多城市响应党的十九届五中全会“实施城市更新行动”出台的相关政策法规，并结合西安2020年以来开展城市更新片区试点工作的经验，西安市也于2021年11月23日发布了《西安市城市更新办法》。《西安市城市更新办法》明确城市更新是根据西安市国民经济和社会发展规划、国土空间规划，依法对城市空间形态和功能进行整治、改善、优化的活动。《西安市城市更新办法》提出，城市更新范围内涉及优秀近现代建筑和历史文化街区、名镇、名村的，城市更新工作应当符合有关法律、法规和保护规划的要求，不得损害历史文化遗产的真实性和完整性，不得对其传统格局和历史风貌构成破坏性影响。《西安市城市更新办法》规定，涉及文物保护单位、不可移动文物及其他各类历史文化遗产类建筑、优秀近现代建筑、工业遗产保护类建筑，历史文化街区、名镇、名村的，实施方案还应包括保护方案与实施计划。

虽然西安有关“城市更新”的具体办法在2021年才出台，但在“城市更新”领域的实践已经有不少成功案例。例如，已完成改造的西安大华·1935项目可以说是西安实践“城市更新”理念的标杆作品。这座于1935年创办的纺织厂为国家棉纺织事业做出了突出贡献，是几代西安纺织人的时代记忆，历经近百年的时代变迁之后褪去了本色。为了尽可能地保存工业历史遗存，这个近百年历史的老纺织厂最终选择了“城市更新”之路：2011年至2014年进行首次更新，2017年进行二次更新，经过两次更新获得重生的大华·1935，不但有良好的商业氛围，还具有鲜明的文化气质，看上去非常有工业风和年代感，身处其中又会有全新的商业体验、文化体验和情感体验。再比如建国门“老菜场”，是政府联合西安市平绒厂、秦岭航空电器厂等多家单位对建国门综合市场老旧建筑群进行升级改造后形成的，过去的老菜场是一个经营范围覆盖果蔬、肉类、水产、餐饮、百货等的综合农贸市场，满足了周边近10万居民的日常需求，如今的“老菜场”融入了民宿、咖啡店、小吃街、民俗展、酒吧以及网红打卡地等元素，解锁“买完菜，还能顺便看展”的新体验，在城门里营造出“市井西安”的独特魅力。

四、小 结

本文的研究对象叁伍壹壹城市文化街区就是后工业时代城市更新理念下老旧厂区改造提升的典型，也是《西安市城市更新办法》中提到的“优秀近现代建筑、工业遗产保护类建筑”，其前身是位于西安市雁塔区民洁路的三五一一厂，有着70多年工业历史的老厂区改造提升经验，也是践行《关于国民经济和社会发展第十四个五年规划和2035年远景目标纲要的决议》，实施城市更新行动的重要举措，更是落实《西安市城市更新办法》的典型做法。当然，三五一一厂改造提升本身也为城市文化街区空间建构提供了物理空间，这一点在后文有关三五一一厂的历史变迁以及改造提升过程分析中会进行详细解读。

第三节 “城市更新”视域下的街区研究综述

因为以城市街区为代表的历史遗迹保护最早出现在率先完成工业革命的资本主义国家，再加上这些国家经过了后工业时代城市更新的探索实践，所以这方面的研究成果主要集中在这些西方发达国家，大多数是从城市规划和城市化进程角度进行细分领域研究。为了全面地理解“城市更新”视域下的街区研究，本文在这里梳理了一些与“城市街区”“城市更新”“老工业区改造提升”有关的代表作：德国建筑学家托尔斯滕·别克林和迈克尔·彼得莱克编著的《城市街区》不仅给出了城市街区的概念，还明确指出从城市规划领域理解城市街区的形式和结构、功能条件和与周边环境形成网络方式的重要性；美国得克萨斯大学教授布赖恩·贝利创作的历史类著作《比较城市化——20世纪的不同道路》一书分析了19世纪工业城市化的特征，并对北美国家、第三世界国家、欧洲国家城市化过程进行描述和分析，梳理发达国家城市化理论和第三世界国家城市化理论，对构建中国特色城市化研究理论框架有科学意义和指导价值。

英国学者史蒂文·蒂耶斯德尔、塔内尔·厄奇、蒂姆·希思合著的

《城市历史街区的复兴》一书通过分析一系列历史街区的振兴案例，将城市设计与城市更新予以综合考虑，研究发现许多城市都有以浓郁的历史文化氛围见长的街区。它们营造出特有的场所感和认同感，是构成城市魅力与活力的重要部分，这些街区的形象特征和功能品质都与城市整体密不可分；美国学者罗杰·特兰西克所著的《寻找失落的空间：城市设计的理论》回溯了过去80年间世界范围内涌现的主要城市空间设计理论，并对城市空间的重要历史案例进行探讨，进而论述了解决现代城市空间结构问题的理论、战略和方法，认为城市空间的复杂联系提供可以包含相互冲突的公共领域和私人领域；《城市设计》一书的作者埃德蒙·N·培根将有历史感的城市街区实例与现代城市规划原理联系起来，通过介绍城市设计历史背景，明确现代城市形态中基础性设计应注意的问题。

除此之外，广义上与“城市街区”相关的研究著作在西方发达国家的建筑学领域也非常多，例如，凯文·林奇所著的《城市意象》、柯林·罗等人编著的《拼贴城市》、盖尔编著的《交往与空间》、亚历山大等人合著的《城市设计新理论》、尼格尔·泰勒所著的《1945年后西方城市规划理论的流变》、彼得·霍尔所著的《城市和区域规划》、詹克斯所著的《紧缩城市：一种可持续发展的城市形态》等，这些研究从不同的角度分析了“城市更新”视域下的街区建构。例如，堪称城市规划方面的经典读本《城市和区域规划》，以对英国城市发展的早期历史及其城市规划的先驱思想家的介绍为楔子，用全书的主要篇幅历史性地回顾了20世纪英国城市规划与实践的发展和演变过程。再比如《交往与空间》从住宅到城市的所有空间层次详尽地分析了吸引人们到公共空间中散步、小憩、驻足、游戏，从而促成人们社会交往的方法，提出了许多独到的见解，尽管欧美各国的实际情况与中国有很大不同，但书中所讨论的问题是世界性的，城市规划的基本原理也是相同的。《城市意象》主要讲述了有关城市的面貌，以及它的重要性和可变性，认为城市的景观在城市的众多角色中，同样是人们可见、可忆、可喜的源泉，而赋予城市视觉形态是一种特殊而且相当新的设计问题。

虽然西方的研究著作不少，但大部分都难以解释中国特色城市街区的复兴之路。虽然城市设计的基本原理和城市街区的基本内涵大同小异，但每个城市有其历史、地理、人文、环境、资源以及意识形态方面的特殊性，所以城市更新与城市文化街区在每个城市的实践也是千差万别。每个国家的实践更是别具特色，更何况中国的工业化进程与西方的工业革命之路不同，中国的城市化发展进程更波澜曲折，从19世纪下半叶到20世纪中叶，由于受到外部西方列强的侵略以及内部军阀割据的困扰，导致中国城市化发展不均衡。20世纪50年代中期以后建立了城乡二元分割社会结构，使得城市化长期处于停滞状态。改革开放以后，中国城市化进程才明显加快，但也存在东西部城市发展不均衡、大小城市发展不统一、城市化进程中大拆大建等突出问题，再加上工业化城市文化街区复活运动近些年来在国内才开始受到重视，所以这方面的研究成果正在不断扩容和推陈出新中，相关研究机构也在不断成立。例如，中国城市规划学会于2016年12月恢复成立了中国城市规划学会城市更新学术委员会，其宗旨主要在于围绕城市更新理论方法、规划体系、学科建设、人才培养与实施管理，积极开展学术交流以及科研、咨询活动，加强学界、业界与政界的沟通交流。

一、城市规划视域下的街区研究

在当前中国城市的综合发展过程中，特别是城市更新视域下的城市规划中，城市街区早已超越了城市规划、城市经济和城市形象需求，已经完全融入新时代城市化进程的潮流中，是城市规划领域必须着力解决的课题，也是城市发展中正在实践的理念，但因为近年来才开始具体实践老工业街区的改造升级，所以相关的研究主要集中在历史文化街区方面，研究成果集中发表于《城市规划》《城市规划研究》《城市规划学刊》《现代城市研究》《城市问题》《国际城市规划》《城市规划汇刊》等刊物上。

第一类研究成果主要阐释了中国“城市街区”的内涵和外延。陈波认为，中国城市逐步由“生产型城市”向“消费型城市”转型，城市街区逐渐成为城市系统优化和改造的基本单元。梁洁与张仁仁认为城市特色街区作为城市形象塑造的重要组成部分，逐渐受到社会各界的关注。他们通过对成熟街区评价因子的权重分析，提出了识别特色街区的六大基本属性，即地域文化内涵、街区风貌特色、具有主导功能、功能复合、非线性平面空间形态和空间集聚，明确了特色街区的概念和分类方法，并从文化、空间、功能、风貌和交通五个方面提出了相应的规划设计策略。王峤和臧鑫宇通过分析城市街区的起源与发展历程，探讨了街区建设的影响因素和主要特征，并结合国外典型城市街区建设的经验和我国城市面临的经济、社会、文化等现实问题，构建了具有弹性的典型街区开发单元，并从街区的开发模式、道路交通系统、空间环境、安全管理等方面提出我国城市街区规划的适应性策略。车飞从城市街区的基础理论“城市形态学”入手，提出全新的“结构形态学”理论，认为构成城市精神与肉体的基石是城市街区，只有“固本”才能“培元”，面对今天中国城市历史文化街区的保护与城市更新的迫切需要，必须从城市街区社会空间性结构的基础入手，形成一整套关于规划、建筑、美学、社会、法治、经济、文化的系统性方案与可实践性具体策略，以此研究城市元素的结构性状态表达与形变动态过程。韩冬青等人在阐述集约型城市街区内涵的基础上，分析认为结构组织的集约性是实现集约型城市街区的关键，并提出了从街道构型、地块组织、建筑布局3

个层面建构街区结构设计的基本谱系。

第二类研究成果主要是在理清“城市街区”来龙去脉的基础上分析城市规划领域如何实现城市更新与街区保护的和谐共生，为全国范围内正在推进的城市更新视域下城市文化街区建设提供理论性指导和典型性样本。侯正华通过一系列案例梳理总结了目前我国城市街区提升改造过程中建设“特色文化街区”的模式：“形神兼备”的整体保护模式，留“形”塑“神”的改造保护模式，通过旧城改造新建特色街区的重生模式，各种模式都可以采取求“形似”或求“神似”的不同思路。贺静等人提出了我国大城市传统街区保护与更新的模式，通过研究我国大城市中大量存在的，难以与时代发展同步的传统街区现状以及成因，指出传统街区要在经济上找到自身存在和发展下去的理由，提出“新旧街区互动式”整体开发模式，通过新旧街区的经济、文化互动行为拉动整个街区的发展，缓解高地价和低容积率间的矛盾，使土地开发首先在经济上获得成功，进而为文化资产的保护提供有力的经济保证，为大城市传统街区的保护与更新提出一种可行方案。这一方案从理论上看似可行，但在追求经济利益最大化的商业行为中很难把握其中的度。杨亮与汤芳菲对我国历史文化街区更新实施模式进行了研究，认为历史文化街区是我国历史文化名城保护制度的核心内容和关键层次，也是保护与发展矛盾最集中的地方。他们在研究中结合各地已经完成或者正在进行的具体实践对既有历史文化街区的各类更新实施模式进行归纳总结，指出应坚持政府组织、引导、监督，企业、居民及社会各界人士广泛参与的“微循环、渐进式”更新实施模式，换句话说就是多方协作推进下的“城市微更新”模式。黄昭雄以规划手段“历史标示”为主线，探讨在历史保护与街区变化中如何有效保护那些具有历史或美学价值但可能被遗忘或拆除的建筑和区域，认为标示可以增加建筑经济价值的观点已经获得普遍认可。历史标示由此也被认为是可以改善中心城区衰落，促进经济发展的措施，最终通过街区内人口和房屋特征关系的变化来比较历史标示对街区发展演变的影响。重庆大学的左辅强副教授以当前历史街区保护理论发展和实践状况为基础，通过系统研究揭示我国在改造与保护性开发历史街区中的误区、负面影响及未来趋向，提出了城市中心历史街区的柔性发展与适时更新的思路，从改良城市功能、再造人文景观、传承和利用历史文脉、协调各相关学科发展与挑战等方面进行探讨，从规划设计角度为城市更新与历史街区保护方面提出可行性策略和建设性思路。

第三类研究成果主要是解决方法论的问题，即通过系统研究回答城市更新理念在城市文化街区建设过程中如何有效落实的问题，通过个案研究回答城市文化街区建设过程中如何最大限度地保留历史遗迹的问题。滕有平和过伟敏通过研究二次开发与重点保护历史文化街区的双重属性，回答“应该怎么做的问题”，提出了具有创新性的整体保护、功能置换、多元与共生、回归街道的再生性保护策略。何依和邓巍阐释了政府在城市历史街区保护与更新中应该发挥的作用。他们认为作为公共物品的历史街区，在强势政府的管控下成为“城市名片”，作为生产要素的历史街区，又进一步在全能政府的运作下成为“情景消费区”，因此从现有的社会治理角度出发，提出了有限政府的机制框架：通过有限职能，构建居民参与的自发秩序，保证历史街区风貌的复杂性和多样性；通过协同职能，提供公共物品的供给与更新，保障历史街区生活的延续性；通过服务职能，提供可持续发展的政策与条件，提升街区价值并创造复兴机遇。肖竞等人结合重庆市磁器口历史文化街区的保护实践，从类型特征总结、保护发展定位、保护要素梳理、景观文化关联、历史档案维护、文化业态融合、遗产展示利用等方面详细论述了以价值识别、价值关联、价值延续、价值活化为具体实施路径的历史文化街区价值导引保护方法。总体而言，这方面的研究成果相对较少，首先是工业化遗迹的改造提升正在进行，不少地方都是摸着石头过河，在探索中寻找适合自己的道路，因此缺乏一整套可供研究的样本；其次是这类城市街区的研究涉及的领域比较宽泛，历史文化、城市规划、文化传承、市场营销、商业管理、受众心理等，而且每个项目都有自己的特殊性，因此研究维度上既要注重纵向的历史性，还要注重横向的多样性，研究内容上既要注重学科交叉，还要做好理论与实践的结合，总体来说进行系统研究有一定的困难。

二、文化街区视域下的个案研究

与“城市街区”视域下的研究相比，从“文化街区”视角进行的研究覆盖面广、内容多、成果突出。在梳理相关研究成果时发现，以“文化街区”为关键词检索，中国知网总库搜索所得文献总数为6432篇；文献发表年限从1960年至2021年4月①，1984年之前文献量为0，1992年之后发表文献逐年递增，其中2020年发文总量为315，为历年来最多；从研究学科分布情况来看，建筑科学与工程、文化、旅游、考古等学科位于前列；从研究对象来看，以北京南锣鼓巷街、北京前门大街、南京夫子庙、成都市宽窄巷子、西安回民街等个案研究最多。

很显然，相关研究主要集中在传统历史文化街区层面。相对而言，针对工业文化背景的街区研究并不多，至少在中国知网总库里没有找到太多相关的系统性研究成果。不过历史文化街区作为工业文化街区的“先贤”，系统研究和梳理前者的研究成果对后者的研究有借鉴意义，毕竟都是一脉相承的城市更新与文化传承。

首先，城市文化街区是代表现代城市软实力的一张名片。做好历史文化街

① 作者梳理文献时，在中国知网检索的时间为2021年6月5日。为了尽可能获取最新资料，所以选择2021年4月这一时间节点。

区的保护是宜居城市文化内涵的重要体现。尤其是随着城镇化发展的不断提速，历史文化街区的保护与城市更新已经成为提高城市发展质量的核心要素，具有重要的社会现实意义，这一点在工业遗迹保护和老旧厂区改造提升中同样适用。毕凌岚与钟毅以成都市为例进行历史文化街区保护与发展的泛社会价值研究，发现即便是历史文化街区保护已经成为一种常识，与历史文化街区相关的各类社群对于这一地域如何发展以及如何处理保护与发展关系的问题依然争论不休，其争论的核心就是如何让历史文化街区的“价值”最大化。

为了更加全面地了解这一区域对于整个社会的综合价值构成关系，以及这种价值对现代城市生活施加影响的机制，他们最终以国家级历史文化名城成都为样本，对四个典型街区研究发现：不同社群基于自身立场的价值评判标准差异巨大，而且不同保护发展思路的具体建设成果在不同人群心目中的现实价值也存在巨大反差。基于这些研究成果探讨了怎样的城镇历史文化保护和建设标准能最大限度地保护文化，同时又能够切实促进文化的选择性传承。徐敏和王成晖以广东省已公布的16条历史文化街区为例，通过基础数据、大数据等定性和定量数据相结合，探索以多源数据为基础，建立对历史文化街区更新进行全程评价的综合性评估体系，全方位把握历史文化街区的更新情况，并根据街区具体评估情况提出针对性的改造对策和建议。王毅以上海新天地和思南公馆两个历史文化街区改造项目为例，介绍特色文化街区建设中关于历史文化街区的保护、修缮和再利用的方法以及历史文化与商业资本融合的具体途径，认为特色文化街区建设涉及历史文化街区的保护、修缮和再利用问题，其实质是传承特色小镇蕴含的文化传统，以实现小镇价值的整体提升。综上所述，大家在研究中都提到了价值的问题。诚然，在一个指定的区域内要提高历史建筑的价值，就必须综合考虑其文化属性和商业属性，着重解决资产所存在的一定程度的过时性的问题，这里的过时性主要指的是建筑物的形象、功能和结构等，一般通过三种方式来提高其效用：拆除、再开发和改造提升。这里所研究的就是改造提升的情况，尤其是后工业时代的老旧厂区在这方面的问题更加凸显。

其次，城市文化街区与城市发展是相互依存的对立统一体。文化街区保护、改造、更新都离不开城市固有的政治、经济、文化、环境、人口等基本特质，因此如何让历史文化街区融入现代城市发展是不少学者着重考虑的问题，尤其是如何让老旧“城中厂区”在城市化进程中得以重生和融合更加需要探究。董雅与郭滢以成都宽窄巷子为例，在阐述其历史及其整改规划的基础上，对整改后的商业业态选择及文物保护措施等方面进行评析后指出，经济利益应与历史文化相协调，对原有历史文化应有较完整的保存，并强调原住居民作为历史载体，其留存对历史文脉传承具有重大意义。最后还对城市历史文化街区整改工作提出五个方面的建设性意见：一是建立和完善历史街区保护的法规和政策；二是采取半保留半整改措施来实施历史街区整改工作；三是提高居民自救意识；四是不同街区的整改应采取不同策略；五是在历史街区整改中应注意经济利益与精神文化协调发展。与董雅的文化视角不同，吴菱蓉利用生态协同思维对南京夫子庙历史文化街区再生设计进行研究，分析了绿地、建筑、道路之间的关系以及夫子庙历史文化街区存在的建设问题，并结合景观设计的相关理论和方法提出了夫子庙地区历史文化街区再生设计的方法和思路。李睿等人的研究也关注到历史景观视角下的历史文化街区保护，通过对逢源大街—荔湾湖历史文化街区保护规划的编制进行分析，探讨新时期基于“动态层积”“整体关联”“真实性传达”“能力建设”的历史文化街区保护规划编制方法创新。

再次，城市文化街区的创造者是人民，历史文化街区的保护者也是人民，历史文化街区的改造提升一定要注重“人”的因素，针对历史文化街区的研究自然也不能少了对“参与其中”“身在其中”的人的研究。张志与张雯毓以汉口历史文化风貌街“文创谷”腾退为例，探讨了历史文化街区更新过程中的公共参与。历史文化街区腾退采用政府主导的“自上而下”规划、大规模外迁和“一刀切”的补偿方案，导致大拆大建后的历史文化街区更新面临“千街一面”趋同化、文化脉络断层、多元利益主体间冲突等问题。他们经过研究发现这些问题的根源在于腾退过程中公众参与乏力，降低了原住居民的社会归属感，导致无法留住各具特色的城市“文脉基因”。基于对现状的分析、认知和判断，他们以汉口历史文化风貌街“文创谷”项目腾退为例，通过对387位受访者调研数据进行分析，得出传统腾退前期、中期和后期3个不同阶段的公民参与过程中存在腾退意愿低、公众意见表达方式和反映渠道少、腾退补偿满意度低等结论，提出在腾退前应加大信息公开力度并提升公众的积极性，腾退中完善公共参与制度保障和丰富公共参与形式，腾退后建立健全后续的监督反馈机制。这项研究既有对现状的理性观察与科学分析，还有一定的调研数据支撑，还对历史文化街区改造提升中如何留住“文脉基因”给出了很好的建议。

张志与张雯毓的研究着眼点是“参与其中”的人，但是对于历史文化街区而言更多的是“身在其中”的人。他们是游客、看客、消费客。他们“身在其中”的感受直接反映着历史文化街区的文化价值和商业价值。唐文跃以南京夫子庙为例研究了游玩者地方感特征及其规划意义，发现夫子庙游玩者地方感具有基于历史、认同、记忆、想象的怀旧体验特征和秦淮风情、孔圣文教、商贾文化三个维度的结构特征。其中，孔圣文教、秦淮风情的地方性特征得到了游玩者的高度认同。游玩者对夫子庙的历史风貌具有较高的评价，认为夫子庙景观整体上反映的是六朝和明清时期的历史风貌。游玩者对南京夫子庙历史文化风貌的地方感，以及对夫子庙呈现的六朝风月、明清风貌和怀旧特征的地方性的认同具有普遍性。游玩者对夫子庙历史文化的体验源于这些景观唤起游玩者对历史场景的记忆和想象，而唤起评价机制是夫子庙游玩者地方感形成的重要机制。很显然，游玩者的感受对研究城市历史街区的空间规划设计具有一定的现实指导意义。本书借鉴上述研究思路，在研究过程中进行了“用户”视觉、听觉、知觉分析，还阐释了用户的“记忆共享”与“情感共鸣”等。

最后，梳理一下针对城市文化街区改造过程中存在的问题和不足进行的相关研究。虽然全国各地都在如火如荼地进行历史文化街区改造升级，成功的案例屡见报端，但是不成功的案例也不在少数。尹海洁以哈尔滨市道外历史街区为例分析了城市历史街区改造中的“文化之殇”。尹海洁经过对哈尔滨市道外区靖宇街历史街区的历史和文化进行梳理以及走访观察，发现道外历史街区改造工程实际是一场以破坏历史建筑、迁走原住居民为代价的商业开发，在这个过程中以老建筑、老手艺、老字号门店为代表的手工制作和民间文化彻底消失，居民和商户在背井离乡的动迁过程中感受到了文化漠视。在调查“文化之殇”现状的基础上对街区改造中的各方展开深入访谈，探寻这场利益纠葛中文化之殇的原委，并挖掘我国城市发展中历史街区改造工程走入误区的根源，最后提出如何在历史街区改造中明确政府角色，处理好安居工程与历史街区改造的矛盾关系，并在文化保护与旅游开发之间找到平衡点的对策建议。

总体而言，尹海洁的这篇论文不仅分析了目前客观存在的问题，还通过详细的调查探究了问题的根源，并给出了理论上的解决方案。而孙菲和胡高强2020年发表的一篇研究论文维度更加多元化，但其内涵依然是保护历史文化街区的本源，核心是改造提升过程中政府与资本之间的权益。他们从文化、消费与真实性三个维度入手探讨了城市历史文化街区的改造困境，认为历史文化街区改造成功与否的关键在于平衡传统和现代，但是当前历史文化街区改造以商业化改造逻辑和政府全权主导的文化复现改造逻辑双线交织。为了搞清楚这种交织过程中如何实现传统与现代的平衡，通过剖析历史文化街区的改造过程，发现改造困境集中表现为两种开发倾向在文化多样性、现代消费系统性和历史真实性之间的平衡问题，是传统文化土壤与现代需求之间的变化问题，由此提出街区改造可以通过选择性地复现传统文化样态、妥协性地对接现代消费系统、独特性地再现空间视觉景观来突破困境。

时少华的研究直指历史文化街区保护中的利益网络，从社会网络分析视角出发，通过网络数据收集，从网络密度、关联性、互惠性、等级性、传递性以及中介性展开分析，提出历史文化街区保护中协调各方利益的五点建议：一是从凝聚性看，要疏解当地政府机构以及压力集团两个利益集团内部的派系林立问题；二是从关联性看，加强当地政府机构与社区之间的有效关联；三是从互惠性以及传递性看，加强企业内部、社区和压力集团之间的利益互惠关联；四是从等级性看，增加非政府保护组织和行业协会、媒体和专家在街区保护中的话语权与决策权；五是从代理性看，要重点培养企业和社区利益集团的协调人、守门人和代理人角色。

综合上述研究发现，不论是南京夫子庙这样的历史文化街区，还是叁伍壹壹这样经过老旧厂区改造的工业文化街区，改造提升在宏观层面与微观层面都要有所作为，既要符合城市更新的理念，也要落实商业化可持续发展的实践。

三、媒介符号视域下的传播研究

“城市街区”是基于物质空间层面的建构，“文化街区”是基于文化空间层面的建构，“媒介符号”是基于传播空间层面的建构。空间提供了场所，文化赋予了意义，但是想让这些特殊空间里的特殊意义直达人心，还得借助媒介符号去实现。因此城市街区文化空间的建构还应该从媒介符号学和传播学的视角进行相关研究，但在中国知网的检索中发现从“新闻与传媒”视角入手进行研究的比较少，其中核心期刊学术论文3篇，硕士论文9篇，博士论文只有1篇。

李媛媛以武汉昙华林历史文化街区为研究对象，分析新媒体环境下历史文化街区如何整合传播策略，探索如何通过线上传播和线下体验结合更好地实现品牌形象塑造与传播，认为新媒体时代要想获得足够的关注度，必须熟练运用多种传播手段进行整合品牌传播，注重传播协同效应的发挥，建立起多位一体的整合传播策略。杨荣华和孙鑫进行了互动顺序视域下城市历史文化街区语言景观的研究，因为语言景观也是一种传播载体，近年来受到符号学、社会学和经济学等学科的关注。通过研究南京老门东历史文化街区语言景观现状，探析景观中标牌的“作者”“读者”“标牌”三者间的互动关系，发现老门东官方标牌与私人标牌的语码选择方式不同，英语在私人标牌中主要发挥符号的象征功能。任剑超在文章中讲述了新媒体艺术在中国历史文化街区中的应用，通过3D建筑投影“百年沧桑五大道”、数字化街区博物馆和数字化全景名人故居三大项目的设计创作，体现出新媒体艺术丰富多样、新颖时尚、互通交融的表现形式，让观众对艺术的体验达到一种全新的感官高度，呈现出“视听感受—参与体验—互动沟通—获得认知”的作品展示逻辑，从而较好地实现历史文化的传播和传承。

华中师范大学的高兴在其硕士论文中以武汉市著名历史文化街区——昙华林历史文化街区作为研究对象，分析公共文化空间的空间媒介化传播实践，发现昙华林历史文化街区从实体空间、虚拟空间以及具有“他者”意义的第三空间这三个维度，共同完成了实体空间作为媒介的传播实践及其符号意义和文化意义的生产。从空间媒介化的角度考察城市中的公共文化空间，既是对空间与传播互动关系探讨的一种有益尝试，同时带来理解公共文化空间的新的启发，从而更好地挖掘其作为城市文化符号的传播实践和精神引导作用，对于城市文化的建设和推动有着重要的指引意义。河南大学的张怡斐将开封著名的历史文化街区——胡同视为空间媒介，结合传播学、社会学相关理论来研究胡同空间在城市传播的过程中发挥的传播功能，认为胡同作为空间媒介不仅能够传承城市文脉和观念、留存城市记忆、建构城市形象，还能嵌入人们的日常生活中，使人们形成对开封的城市形象认知和空间记忆。此外，在胡同的变化发展过程中呈现出多样的传播关系和空间意义，这既是城市发展的结果，也是胡同传播价值的深度体现。无独有偶，郑州大学的陈萌莉也研究了开封胡同的文化传播，挖掘胡同文化的传播价值与内涵，分析与总结胡同文化传播的现状，通过研究得出开封胡同文化在传播过程中存在文化传播意识淡薄、大型节事活动缺失、新媒体传播滞后以及文化旅游产业发展不成熟等问题，最后对如何树立文化传播意识、建立完善的传播体系、将胡同文化与发展文化产业相结合等提出了建议。广东外语外贸大学的陈烨从城市传播的角度对历史文化街区活化提出四条建议：整合媒介资源，实现信息资源有效聚合；丰富交往活动行为和方式，打破异质人群区间隔阂；激活街区传统功能业态，唤醒历史记忆；着力打造街区文化符号，增强街区形象辨识度。

浙江大学的周烨研究了城市文化空间集群与媒介传播，总结了能够剖析城市文化建设的科学理论，通过实地考察有借鉴意义的具体案例——加拿大温哥华，研究其城市发展规划与文化实践，分析其文化空间分布及城市品牌内涵传播，提出了由“文化空间集群”与“媒介传播”协同驱动城市文化建设的动力机制——“齿轮效应”，以期突破城市文化建设对文化价值与作用的研究，通过实地考察验证了稳定的媒介空间是城市文化建设外在动力的形成基础，并从文化空间实践、文化政策与媒介传播三个方面提出了文化建设策略框架。

四、小　结

本文在文献梳理的过程中以西方著名学者的研究著作为引子，导入了“城市街区”的概念，为历史文化街区的研究界定了空间载体，着重梳理国内学者的研究情况，理清了研究成果的现状：从研究内容上讲，主要集中在城市规划领域，以文化空间和媒介符号为视角进行的研究成果非常少；从研究对象上讲，主要集中在以历史文化街区为切入点的个案研究，以老旧厂区为基础进行的城市街区研究不多见。物以稀为贵，因为少才更加值得去做，因为少才具有开拓的价值，但也因此增加了研究的难度。综上所述，从三五一一厂到叁伍壹壹城市文化街区的复活重生过程是城市更新背景下工业遗迹保护和工业文化传承的典型性案例，同时也是城市街区物质空间、媒介空间、文化空间、情感空间和生活空间建构的具体实践，因此，进行系统研究不仅可以弥补相关研究的不足，还具有很强的示范效应和指导意义。

第四节　城市文化街区媒介空间的研究思路

随着城市更新速度的加快，类似具有工业背景且需要改造提升的的城市街区越来越多。它们所承载的厚重工业历史和特殊年代记忆，对每一个经历者来说都是一段刻骨铭心的记忆，对每一座城市来说也是不可或缺的文明要素。如何让后工业时代老旧工业街区的改造提升符合现代城市更新的轨迹是需要研究的课题，如何让工业文明的传承与城市记忆得以延续、“复活”是需要破解的难题。本文通过分析叁伍壹壹文化街区，开启后工业时代城市文化街区研究的新旅程，旨在为这些具有特殊时代背景和文化符号的城市空间赋予独特的媒介意义，同时为改造后的城市文化街区保留独有的文化内涵提供典型性样本。

一、研究意义及其研究思路

越来越多改造老工业厂房形成的城市街区正在华丽“变身”，以西安为例，就有半坡国际艺术街区、大华·1935、老钢厂设计创意产业街区、西安量子晨街区、叁伍壹壹城市文化街区等。由于历史发展和城市化进程的不断推进，它们摒弃了曾经的辉煌和功勋重新再出发，融入现代元素和生活方式，带着时光印记与历史痕迹重新焕发生机，集颜值、创意、情怀、文化、商业于一身，是厚重历史和工业文明的“新地标”，是文艺范儿和小清新的“新名词”，是城市记忆与文化传承的“新符号”，以新的风貌延续城市记忆，以新的形象寄托公众的情怀，以新的符号书写时代的印迹。叁伍壹壹城市文化街区的研究仅仅是一个开始，这些遍地开花的城市街区为后续研究提供了丰富的题材。这些以工业遗迹为物质空间的城市文化街区都是极具价值的研究对象，有共同点，可以支撑研究的可持续性，同时又各具特色，可以丰富研究的多元性。虽然上文提到的这些选题都集中在工业化实力雄厚的西安，但是类似的城市街区在三秦大地遍地开花，在全国范围内也如雨后春笋一般涌现，仔细分析会发现每一个城市街区都是共性与个性的对立统一体，都是普遍性与特殊性的有机组合，都具备特色鲜明的时代背景和历史文化底蕴。

因此，对这些城市街区进行媒介文化视角的阐释与解读既有现实基础，也有理论支撑，还有社会意义。突破固有的学科研究边界，将叁伍壹壹文化街区置于文艺与文化传播学的学科视野之下，探究“叁伍壹壹”作为城市街区文化空间的媒介属性及媒介功能，阐释文化属性及文化赋义，为文艺与文化传播的外延拓展寻找新的载体，为媒介符号学在特殊城市空间建构中的功能研究找到了现实样本。此外，“叁伍壹壹城市文化街区”不只是具有区域特色、历史特色、军工特色的文化街区，而且是人为建构的情景空间、文化空间、媒介空间、情感空间、社会生活空间，探究其媒介属性的独特性和功能性具有开创意义，也为类似城市空间的文化赋义与媒介表征研究提供了实践基础。作为空间媒介的“叁伍壹壹城市文化街区”，其媒介载体、媒介符号、表征体系、承载意义等方面都具有非同寻常的特殊性，对这些特殊性的解读与阐释将有利于文化街区更好地发挥其文化效益，同时通过这些媒介符号传递的信息唤起人们共同的记忆，促使人们形成某种共有的情感，影响人们的生活方式。

下面的这张示意图直观地呈现了本书的研究思路和行文逻辑。本书在上述研究思路和研究逻辑指引下主要从事以下几方面的研究：1. 叁伍壹壹城市文化街区作为物理空间，如何实现工业历史遗迹建筑空间和现代商业街区空间功能上的有机统一？2. 作为情景空间，其空间结构和功能实现是如何联系的？3. 作为媒介空间，其空间媒介性及其构成要素有哪些？媒介种类、形态、符号以及话语是如何相互作用并形成系统的？4. 作为文化空间，其文化符号和文化内涵是如何系统表征的？5. 作为情感空间，是如何复活年代记忆和激发情感共鸣的？6. 作为社会生活空间，其空间功能拓展方向如何确定？

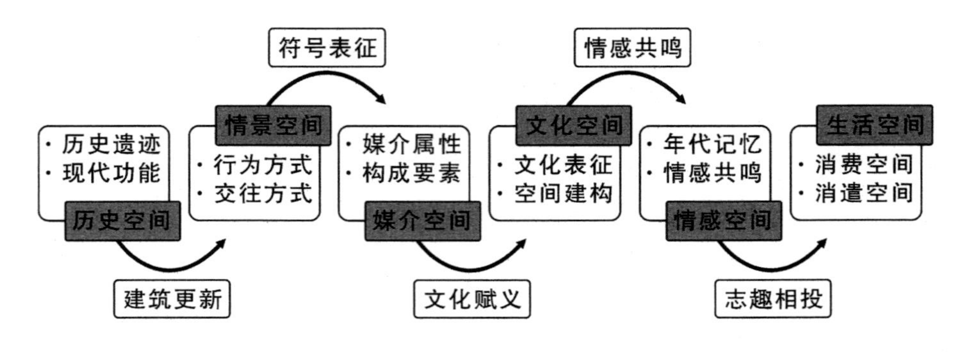

图 1-2　研究思路示意图

回答这些问题将是本书研究的重点和难点，在系统研究的基础上形成相关研究成果，也是本书要达到的主要目标。在深入研究叁伍壹壹城市文化街区的空间媒介性及多种要素的基础上，深入剖析其所蕴含的历史意义、媒介意义、符号意义、文化意义，进一步阐释其媒介功能的有效发挥及深化拓展，从而为城市文化街区的媒介功能研究提供崭新的学术探索及研究路径，同时从文化的角度考量叁伍壹壹城市文化街区对工业文化选择性传承和工业文明有效性赓续的实现路径以及实践中存在的问题，探索其历史属性、商业属性、文化属性以及情感属性的有效融合以及可持续发展。

二、研究方法及其实现途径

文本分析法：指从文本的表层深入文本的深层，从而发现其深层意义。结合本课题所涉及的领域，通过广泛搜集相关文本资料，特别是文字资料和老照片以及记录了悠久历史的场报，详细了解三五一一厂70多年的发展历程以及在发展过程中形成的特殊工业文化。通过文献梳理老工业街区建设理念以及特殊背景下的功能设置，同时通过详细梳理相关文献掌握三五一一厂在新型城市化发展潮流中是如何从辉煌走向没落的，将其置于军工企业发展的大背景下进行审视，并以近些年来提出的融合发展为契机进行综合分析，为本研究奠定可靠的时代背景和文化基础。同时运用文本分析法对改造前后的叁伍壹壹城市文化街区进行历史空间、情景空间、媒介空间、文化空间、情感空间、生活空间的解读，分析媒介符号在空间建构、价值重塑、情感共鸣、记忆共享等方面的赋义过程、传播过程和释义过程。

参与式观察法：笔者深入研究对象所在区域，与叁伍壹壹城市文化街区的工作人员、管理人员、运营人员等建立良好的工作关系，就课题研究的重点问题和关注点，按照研究工作概要的要求，有意识地、有重点地、有目的地详细记录所观察到的一切内容和发现的有关问题，及时撰写观察笔记，保存并形成完备的研究材料。

深度访谈法：笔者在参与式观察中对文化街区工作人员、管理人员、经营人员、附近居民以及相关领域专家学者等，采用直接的、深度的访谈，以理解其对文化街区的了解程度、参与动机、认同态度和感情共鸣等。具体到本次研究过程，笔者通过前期的调研已经初步获得了丰富的研究资料，了解了叁伍壹壹城市文化街区提升改造的投资主体、设计团队、施工进度、招商团队、运营团队，获取了叁伍壹壹城市文化街区提升改造的设计理念和运营思路，通过对相关负责人进行初步访谈，为深入研究打下了良好的基础，也为选题的高质量完成奠定了良好的开端。与此同时，因为三五一一厂是老牌军工企业，厂区机构设置健全，电台、报纸、宣传册等文字材料丰富，有很多关于劳模的报道，其中不少劳模对厂区的发展变化有比较深刻的认知。通过对这些人进行访谈可以获得很多有价值的内容，对厂区与街区的联系、历史与现实的对接、情感与文化的共享都很有意义。此外，通过对三五一一厂工业建筑遗迹的活化设计与更新再造，已经创建了一个融合生活配套服务与文化体验空间的复合型社区文创中心，涵盖生鲜超市、生活零售、餐饮、咖啡、烘焙、花卉、亲子、书店、文创、展馆、杂货、周末集市等创新商业业态，人流量大，老中青客户俱全，同时还举办了花花节、音乐节、花鸟节等系列活动，吸引了很多年轻人，这些先决条件为调研、走访、观察提供了丰富的素材和人员基础。

三、创新之处及其预期效益

研究视角创新：通过分析文献发现，目前后工业时代城市街区的系统性研究比较少，从文艺与文化传播学、媒介符号学、空间媒介学等角度进行的研究更是少之又少。但是目前类似于三五一一厂这样的老旧工厂改造提升项目已经在全球范围内广泛开展，在中国更是形成了一股城市化进程新潮流。这种实践的多样性与研究的稀缺性之间的矛盾日益突出。因此本书以二者的有机结合为切入点探析这种富有历史文化价值的工业遗迹街区“再生”的过程，研究老旧工业街区在提升过程中如何通过媒介空间的建构和文化符号的表征让工业文化得以传承，让有着工业情怀的人们在二次重构的媒介空间、文化空间、情景空间中找到情感共鸣。从学术研究的角度讲，本研究开辟了一种新的研究视角，为其媒介空间的建构、文化符号的赋义、传播效果的评估，以及对受众认知、情感、行为的影响展示出特殊的现实针对性。

学术观点创新：新的研究对象自然会有新的结论，新的研究视角自然会有新观点。通过研究后工业时代的城市文化街区及其媒介属性、文化属性、商业属性、情感属性等，为其媒介功能建构、文化空间拓展以及商业空间可持续发展提供针对性的理论支撑，为老工业厂区向城市文化街区转变提供建设性意见，也为媒介实践及其媒介功能发挥起到指导和促进作用。同时为文化街区实现历史与现代的融合以及工业文化的二次繁荣提供媒介视角。通过研究让所有的符号系统化地建构文化空间、情感空间和生活空间，让工业文化富有情感地传递给身临其境的每位受众，激起情感共鸣、勾起共同记忆，让受众从全新的空间符号中感受城市文化街区的特殊气质。

学术应用创新：新理论指导新实践，通过实践进一步完善理论。通过对老工业厂区改造提升的典型样本——叁伍壹壹城市文化街区的历史空间、文化空间、媒介空间、情景空间、情感空间、社会生活空间进行系统研究，为更好地进行现代化城市更新树立典范。通过总结三五一一厂改造提升过程中的经验；为“复活”特殊历史背景下的“城中厂区”文化以及提升文化街区的多方位效能提供有益的实践参考，让城市文化街区跳出单一的保护思维，实现商业价值多元化实践，实现文化价值与商业价值的有机统一以及可持续发展；为城市文化街区的改造提升提供研究样本，希望通过此次抛砖引玉让更多的研究者进行相关研究，为城市更新理念下正在推进的老旧厂区、老旧小区、老旧街区改造提升提供理论支撑。

预期社会效果首先体现在研究成果上，笔者希望能够通过该项研究形成样本解读到位与理论体系完善的学术著作，系统地阐释城市文化街区的物理空间、媒介空间、文化空间、生活空间等的多元建构，为相关文化街区及其主管部门、文化产业规划等单位进行城市规划和城市精细化管理工作提供可靠的智力支持，为历史文化街区的改造提升提供理论支撑，让城市文化街区更有内涵，更加符合文化传播的规律，从而更好地为用户、居民、游客提供视觉上的享受和情感上的共鸣，勾起人们内心深处尘封已久的年代记忆。同时也为商业价值的最大化提供文化背书，让文化内涵通过媒介符号传递给每一个身处其中的人，使其感受特别的时代氛围，享受舒适的消费环境。

预期社会效益还体现在系统研究方面，随着后工业时代的“城中厂区”的变迁，西安类似叁伍壹壹文化街区的城市新型空间特别多，例如，半坡国际艺术街区、大华·1935、老钢厂设计创意产业街区、电影圈子·西影电影产业集聚区、西安量子晨街区等。以叁伍壹壹文化街区研究为切入点，对西安的新型文化街区进行系统性研究，不仅能填补不足，还能为城市规划、街区改造、文化再现以及历史遗迹保护提供非常有价值的意见和建议。

四、小结

文化街区在城市化进程中已经得到了应有的重视，城市街区在现代城市更新中已经固化，两者有机结合形成的城市文化街区早已进入研究者的视野，但梳理已有文献会发现对老工业背景下经过改造提升形成的城市文化街区的研究并不多，与当前正在如火如荼进行的老旧工业厂区、社区、街区改造提升的现状不匹配。以老旧工厂、老旧社区、老旧街区为代表的后工业时代城市街区改造提升正在全国范围内上演更新潮流，对这一富有历史厚重感的城市化进程现象进行研究具有现实意义和指导价值。因此，以叁伍壹壹城市文化街区为个案进行媒介文化视域下的研究是传承与创新的有效结合，与其厚重的历史积淀、丰富的媒介实践、鲜活的城市形象及其良好的文化影响力相得益彰，也为城市文化街区更好地实践商业化之路提供了理论支撑。

第二章
物质空间：从老旧厂区到城市文化街区

> “物质空间的生产与再生产，也是社会关系在空间的表现特征，是人类活动、行为和经验的媒介与产物，也是能被感知到的空间。”
>
> ——爱德华·索亚

这里的物质空间指城市物质实体所组成的空间形态。不管是曾经的三五一一厂，还是现在的叁伍壹壹城市文化街区，首先是一个物质实体。本章主要讲述三五一一厂的历史变迁，阐释老旧厂区向现代化城市文化街区转变之路，并引入建筑学与城市规划专业领域的相关概念，解读三五一一厂改造升级过程中物质空间生产的合理性与可行性。通过梳理这个经过多元化建构形成的物质空间的更新轨迹与组织模式，理清老旧厂区到城市文化街区的改造提升过程，以及是如何实现工业遗迹保护、工业文化延续以及商业街区功能建构的。

第一节　一个军工企业的时代变迁

前面在交代研究背景时，多次提到了三五一一厂的军工背景、辉煌历史、城市记忆等特质，强调了三五一一厂在现代城市更新过程中自我转型的特殊性，以及文化街区建设的自身优势。那么，三五一一厂究竟是一个什么样的军工厂，有什么样的辉煌历史，在历史发展潮流中经历了什么，是如何从兴盛一时逐渐沦为需要搬迁改造的历史境地。这个军工厂培育了一个什么样的工业街区，这个老旧工业街区有什么样的独特性，为什么最终选择了叁伍壹壹城市文化街区的重生之路。笔者会通过梳理有关三五一一厂建筑遗存、历史资料、相关报道、老旧照片等材料研究三五一一厂的沉浮录以及建筑遗迹承载的历史记忆，并结合对三五一一厂老领导、老员工、新领导、新员工进行深度访谈来回答前面提到的疑问。

一、三五一一厂的辉煌军工之路

三五一一厂前身是国民党联勤总部军需局织布厂，1949 年 5 月由中国人民解放军第一野战军兼西北军区后勤军需部接管，以 5 月 30 日作为三五一一厂成立日，不久后和原晋绥军区被服第一厂染工段合并，更名为西北军区后勤军需部染织厂。

1950 年 3 月三五一一厂由西安草场坡迁到南关四民巷，5 月更名为棉织厂，8 月建立党支部。1952 年引入电力半自动毛巾机 40 部，淘汰人力织布机，工厂开始跨入以电为动力的生产时代。同年 9 月，军用毛巾正式投产，更名为中国人民解放军西北军区后勤军需部棉织厂，工人克服条件艰苦、物资紧缺、设备技术有限等诸多困难，边生产边进行工厂基础设施建设，为工厂发展壮大奠定了基础，也顺利完成了为全军生产白毛巾、绷带的任务，成为中国人民解放军可靠的后勤保障。1953 年，为支援抗美援朝前线，开机 40 台，日夜两班生产军用毛巾 100 多万条。1954 年，工厂派技术骨干曹志岐到上海学习纺织技术，随后引进了先进设备。在上海技术员和本厂技术骨干的指导下，纺织女工郭秀花等三名同志迅速掌握操作技术要领，为工厂后续的生产发展提供了技术保障，也让厂子步入了高速发展的快车道。

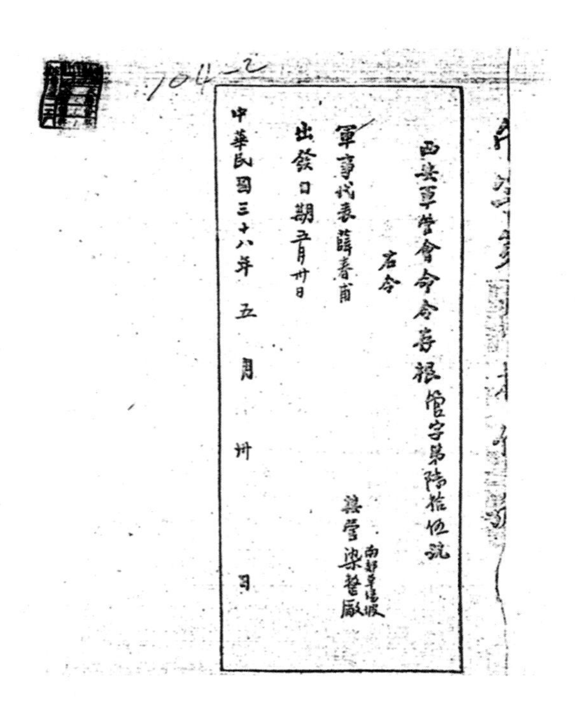
西安軍管會命令

右令

軍事代表薛春甫

出發日期五月卅日

中華民國三十八年 五 月 卅 日

图 2－1　1949 年 5 月 30 日，西北军区后勤军需部派薛春甫为代表，接管了国民党联勤总部军需局织布厂

1954年工厂迁往西郊昆明路2号，也就是目前叁伍壹壹城市文化街区的所在地，虽然现在处于高新区的繁华地段，但在当时来说依然是比较偏僻的郊区，只是因为改革开放和市场经济繁荣后快速推进的城市化进程造就了“城中厂区”的区位优势。迁移厂址后工厂更名为总后西北军需生产管理局六〇六工厂，当时的技术水平和生产能力领先国内，再加上特殊的时代背景，工人的劳动热情非常高，整个厂区呈现出一片繁荣的景象。

图2－2　中国人民解放军第三五一一工厂老照片

1958年元月，首届职工代表大会胜利召开，全体职工充分发挥主人翁精神，心往一处想、劲往一处使。有时候为了抢时间抓生产，三班倒的工人们边吃馒头夹咸菜边往厂里赶，这种工作场面为工厂后期发展奠定了基础。

在20世纪60年代，工厂产品生产工序又得到进一步改善，设备得到改良，规模逐步扩大，在岗职工六百多人。在满足中国人民解放军日常使用需求的情况下，还支援亚洲、非洲、拉丁美洲等地区。1965年7月1日，工厂定名为中国人民解放军第三五一一工厂，隶属原总后勤部，同年将原半自动毛巾机全部更新为自动化毛巾机。1968年2月成立了中国人民解放军第三五一一工厂革命委员会，1969年12月划归总后西北物资工厂管理局。

年过八旬的焦合义是三五一一厂的老厂长。他刚来时这个厂还叫“娃娃厂”，厂子里都是清一色的年轻人。在他的记忆里，当时的三五一一厂非常红火，不论是生产场景还是生活场景都很有范儿，这里俨然是一个小社会，衣食住行用基本都可以不出厂区就能解决。他说：“随着厂区的扩建和职工的不断增多，随厂建了家属区，里面住着随军迁来的军人妻儿以及工厂车间自由恋爱诞生的职工家庭。食堂、幼儿园、小学都火热发展起来，孩子们下了课就跟着大人拿着饭票在食堂吃饭。所有人都对自己的工作充满干劲，而工作之外的生活也丰富多彩。这种情况现在不多见了，在商业社区更是难得一见，虽然现在生活品质提高了，但缺少人情味。每每回想起以前我就激动不已，遗憾的是不可能回到从前，还好老厂子没有完全拆掉，可以走走看看。”透过焦合义老人的言语可以体会到三五一一厂曾经的光辉岁月和厂区的文化，也能感受到这个工业厂区、社区、街区昔日的工作场景和生活情景，同时也感受到三五一一厂当年蒸蒸日上的发展势头。

20世纪70年代，我国纺织产业获得了新的生命，走上了正常化发展的道路。三五一一厂也于1970年再次扩容增量，三车间投入使用并扩建厂房，组建缝纫车间，配备装置了毛巾机48台，当年年底全部毛巾机改为喷气织机。

到1977年新工房建成，全场织机增加到300台。至此，这座军工厂的生产能力达到了鼎盛，基本建成了我国纺织产业的总体框架。三五一一厂作为总后唯一一家毛巾生产企业，为中国人民解放军的后勤保障做出了突出贡献。

二、三五一一厂的商业转型之变

改革开放后，三五一一厂调整了生产经营模式，大力拓展民用品外贸市场，正式踏入了市场经济的征途。1978年开始，工厂增加了商业生产，一改往年单纯军用生产的局面，推出提花浴巾、毛巾被，一时成为紧俏商品。1979年，以市场为导向建立的第二厂定名为西安毛巾厂，管理体制由单纯的生产型向生产经营型转变，开拓名优品牌和外贸市场，成为全军第一家向国外出口创汇的企业。

进入20世纪80年代，随着改革开放的逐步深入，三五一一厂的发展进入了一个新的历史阶段，深化落实改革开放政策，推进工厂制度改革，拥抱市场经济体制，同时开始以市场需求为导向研发应用新技术，不断推出新产品。经过一系列经营战略调整后，这家具有厚重军工历史的大型企业开启了“两条腿走路”的新模式，依靠先进工业技术和军需质量保障生产的民用产品走向全国、远销海外，在生产经营工作和企业文化建设方面均取得了一系列成绩。

改革的步伐正在加紧推进，1978年11月24日晚上，安徽省凤阳县小岗村18位农民签下“生死状”，将村内土地分开承包，开创家庭联产承包责任制的先河，没想到次年小岗村粮食大丰收。一石激起千层浪，1982年1月1日，中国共产党历史上第一个关于农村工作的一号文件正式出台，明确指出包产到户、包干到户都是社会主义集体经济的生产责任制。农业领域的承包制引发了全社会的广泛关注，工业领域的承包制也开始提上日程，三五一一厂于

1983 年破天荒地实施车间内部承包制， 这一举措为工厂转型起到了重要作用。到了 20 世纪 90 年代， 三五一一厂为丰富产品种类， 扩大经营范围， 进行了印花机改制， 引进了一系列先进设备， 生产出的军需产品为部队的服装改制做出了巨大贡献， 同时积极拓展名优产品市场， 寻找更大的商业机会， 成为全国率先进入商品超市的纺织企业之一。 1993 年底， 第一家驻外经营部 “西安毛巾厂厦门经营部” 正式注册成立， 实施了毛巾行业新的营销模式。 在这一系列创新举措的带动下， 成都、 北京、 兰州等 20 多个经营网点遍布全国各大城市， 成为当时毛巾行业的营销典范。 1996 年， 为迎接香港回归， 三五一一厂组织研发新型毛巾被， 得到军需后勤部的认可并定名为 “97 毛巾被”。1997 年工厂还承揽了首批驻港部门毛巾被的生产任务。 1998 年引进磁棒多色印花机和新型剑杆织机， 同年 10 月创办 《三五一一厂报》， 同年 11 月工厂作为军队保障型企业归属总后生产管理部直接领导。 1999 年通过了 ISO9002 国际质量体系认证， 工厂生产的 “三五” 牌毛巾系列产品被评为西安市名牌产品， 享誉国内外， 畅销海内外。

受到大的社会环境的影响， 千禧年后的 10 年是三五一一厂面对挑战和把握机遇的 10 年。 2000 年 10 月， 军企分开并入新兴铸管集团有限公司管理， 同年取得自营进出口权， 产品走向国际市场， 一度享有 “亚洲第一毛巾厂” 的美誉。 2002 年 11 月25 日正式更名为西安三五一一毛巾厂。 2006 年 7 月工厂随 39 家军需企业划入际华轻工集团有限公司管理， 同年工厂启动了一期土地开发项目， 商业用房、 地下停车位等资产所形成的租赁收入成为企业近年来主要收入来源之一。 2007 年 9 月， 西安三五一一毛巾厂改制更名为西安际华三五一一家纺有限公司。

三五一一家纺有限公司党委书记、 执行董事董宏刚是 1989 年来到厂里，经历了三五一一厂在千禧年初期登上了全国纺织行业外贸 TOP 5 排行榜的高光时刻，也经历了几年之后“毛巾江湖”地位被后来居上者夺取的失落，而人们耳熟能详的“金号毛巾”“孚日毛巾”等都是三五一一厂曾经帮扶过的企业，如今却借着市场经济和互联网营销扶摇直上。从辉煌到没落也就几年时间，不是经营者不够努力，也不是生产的产品质量不行，但最后的结局是成为被历史淘汰的企业，成为面对生死存亡困境的企业，或许是体制机制的原因，或许是三五一一厂已经完成了它的使命。现实没办法按照人的意志转变，但和所有三五一一厂的老职工一样，厂子对董宏刚个人而言就像家一样重要，承载着他半生的记忆，而且这半生可谓是人生中最辉煌的时段。因此，保留三五一一厂的历史文化遗迹，延续职工对厂子的感情成为董宏刚的愿景。还好大家的愿望实现了，选择建设叁伍壹壹城市文化街区对他们来说就是最理想的结果。

董宏刚说：“我接手时有人说要卖掉这块地搞房地产，从经济的角度讲或许很划算，但从情感的角度出发舍不得。大家都知道房地产开发是一锤子买卖，我们把地卖了，人家把这儿拆了，重新盖个新的商业区或者居民区，即便少数人能分到房子，但我们这些人和厂子就再没什么关系了。”

三、三五一一厂的改造提升之策

董宏刚经历了厂区一路走来几易其主的市场化之路，见证了这座老军工厂的辉煌与沉浮、光荣与黯然。他深知这不仅仅是企业管理及生产设备落后的问题，厂子的进退与国家政策方针和西安城市发展规划方向息息相关。也正是因为如此，三五一一从 2010 年开始不断寻求突变之路，进行产业结构调整，形成主业生产、物业租赁、土地盘活齐头并进的局面，但大势已去，调整已经无法让其存续。2012 年，为推进“转移生产，控制规模，确保军品持续生产”的需要，公司决定将生产中心转移至咸阳生产基地。2013 年，为了发展商业、服务业等第三产业，减少重污染、能耗大、效益差的第二产业，三五一一厂的生产设备搬离西安城区。这座老旧军工厂的历史使命至此完全终结。

此时的三五一一厂旧址该何去何从？“保留”还是“拆除”？“延续”还是“创新”？新与旧之间的矛盾该如何实现平衡？工业文化传统和商业价值实现之间如何平衡？这一系列问题虽然看似简单，但不同答案带来的结果天壤之别。经过多次商讨、探索和实践，2018 年西安际华文化创意产业园发展有限公司正式成立，标志着三五一一厂蝶变重生之路的正式开启。公司投资 4.8 亿元对原有厂房仓库等建筑物整体进行加固和改造，将怀旧工业风格与灵感创意相结合，重新赋予废旧工厂新的“生命”，以“微更新轻改造”为主导理念，将园区定义为“新型社区中心”。2019 年，叁伍壹壹城市文化街区项目启动，园区基础建设改造开工，同年 12 月，叁伍壹壹城市文化街区博物馆首展“一个工厂的故事”开幕。

可以说，2010 年到 2020 年的这十年是叁伍壹壹城市文化街区改造提升的关键十年，一期投资及经营权租赁项目合作正式签约，“三供一业”① 顺利移交，新项目落地行稳致远，首期投入运营有序推进，工厂完全踏上复活重生之路，以此为契机让三五一一厂这个曾经留下无数美好记忆的厂区再次焕发活力。叁伍壹壹城市文化街区和聚集在此的各个品牌一起带动城市更新升级，提

① “三供一业”是指企业的供水、供电、供热和物业管理。“三供一业”分离移交是指国企（含企业和科研院所）将家属区水、电、暖和物业管理职能从国企剥离，转由社会专业单位实施管理的一项政策性和专业性较强、涉及面广、操作异常复杂的管理工作。

升居民生活质量，延续工业文明内涵，还荣获了2020年度“2020年度中国城市更新优秀案例”。

图2-3　2019年拍摄的三五一一厂的大门

2020年8月，叁伍壹壹城市文化街区第一届花花大会开幕，50多个鲜活而富有创造力的文创品牌聚集于此。2021年1月，叁伍壹壹城市文化街区C区花市鱼市“生活美学研究大院”开市，独特的建筑美感与全年龄段的生活体验，吸引了众多关注，成为西安市打卡新地标。2021年5月1日，叁伍壹壹城市文化街区B区“美好生活体验工厂”开放，这里既有各式各样精致和时尚的新业态，也有充满烟火气的生鲜超市、生活零售与商品市集。三五一一厂改造提升项目进展至此，除了配套新建的科创办公区A区还没有开放外，核心部分已经全部正式营业，并通过系列营销活动和品牌推广成为西安又一个网红打卡地，可以说三五一一厂向叁伍壹壹城市文化街区蜕变之路正在有序推进，当然要完全步入可持续发展之路还有很多工作要做，特别是政策层面的持续性显得尤为重要。

四、小　结

在人类社会的不断变迁中，在快速推进的城市化进程中，总有一些人和事因为不能顺应时代发展的步伐而退出历史舞台。正如那些烙着工业印记的老厂房，见证过城市发展的高光时刻，也是一代代工业人心中难以抹去的记忆，但谁能想到它们会在经济转型的浪潮中沉寂，甚至消失，最后还有可能被人遗忘殆尽。三五一一厂就面临这样的困境，但在经过改造提升与价值重塑后，被包装成了城市记忆的标志性符号，工业文化的时代性标签，具备了所在区域城市更新中不可替代的独有个性，最终实现了由三五一一厂向叁伍壹壹城市文化街区的完美转型，成为老旧工业街区改造提升的研究样本，也成了本书的研究对象。

第二节　一个工业街区的空间生产

20 世纪 70 年代以来，随着城市化运动的突飞猛进，西方发达工业社会进入空间时代，空间生产模式也由先前的空间中事物的生产转变为空间本身的生产。列斐伏尔面对发达工业社会的空间生产现象，用批判的思维和方法对空间生产过程及其问题进行解读，形成了“空间生产”思想。他认为“空间的整体是一种生产和消费的客体，正像工厂建筑和设备、机器、原材料和劳动力自身。空间生产已经变成当代发达工业社会的主导生产模式”。[①] 列斐伏尔

---

① 李秀玲，秦龙．“空间生产”思想：从马克思经列斐伏尔到哈维［J］．福建论坛（人文社会科学版），2011（5）：60－64．

虽然研究的是西方发达国家的资本主义工业化过程，但所描述的现象在所有国家的工业化过程中都存在。三五一一厂的军事工业化之路也离不开“空间生产”模式，而且通过前面的历史梳理和三五一一厂昔日多名管理者的讲述以及历史资料的分析，可以明显地感受到这种“空间生产”理念已经融入厂区的历史文化，渗入每一位员工的生产生活以及情感记忆之中。可以说，从三五一一厂到叁伍壹壹城市文化街区的转变是对“历史空间”的解构过程，是对工业历史遗迹的二次赋能过程，更是一个工业街区的空间生产过程。

一座完整的工业遗迹、一份有着七十多年厂区历史的文化遗存、一组苏式风貌的历史建筑群、77 棵保留原样的古树、零零星星的老旧设备……对三五一一厂历史空间的认知，对叁伍壹壹城市文化街区空间生产的研究，都应该从这些看得见、摸得着、感受得到的工业建筑遗迹开始。它们自带时代烙印，传递时代记忆，书写时代变迁，同时产生了一种独具特色的时代空间，这种空间构成了叁伍壹壹城市文化街区的物质基础、文化载体和情感依托，也是城市更新与城市规划的核心要义。因此，要想更好地理解叁伍壹壹城市文化街区的内涵，必须要搞清楚这个特殊军工背景下工业化城市街区的内部形态和几何特征，通过对特殊工业建筑遗迹生产空间的结构分析，为后面媒介空间、文化空间、记忆空间和社会生活空间的阐释做好铺垫。

一、联排式空间结构

虽然三五一一厂区已经没有了昔日的生产盛景，也不具备工业生产的核心功能和存在价值，保留下来的工业化历史建筑遗迹经过改造提升完全具备现代城市街区声光电的外在符号，但行走于其中仔细观察和体会，依然能真切地感受到工厂空间特有的气息。70 多年的厂区留存了众多具有历史价值的苏式建筑立面、公共空间、标志性构筑物，工业遗产的特性依然非常显著，其中联排式低密苏式老厂房构成了这个工业化空间向现代城市文化街区转型的物质空间。

图2-4 三五一一厂原有的苏式历史建筑

首先，联排式空间布局为城市街区“微更新”提供可行性。“微更新”理念源自西方学者对大规模城市更新模式的批判，注重城市更新中对“人的尺度”的审视，提倡渐进式、小尺度、低影响的更新模式，强调历史文化肌理的延续和传统空间形态的保护，以期唤醒丢失的城市记忆，激活城市文化街区活力。这一理念在现代城市街区的规划中普遍使用，其核心是对原有空间的保护性利用，具体到叁伍壹壹城市文化街区就是对三五一一厂区原有的联排式建筑空间进行改造提升。不论是过去还是现在，联排式厂房随处可见，是机械化流水线生产的需要，也是工业化生产的产物。三五一一厂曾经承载现代纺织业生产线的厂房也是以联排式空间结构修建而成的。一栋栋厂房和一座座仓库是构成这个军工厂区工业空间的基本要素，成为改造后城市文化街区的基本模型，这种空间结构为三五一一厂“微更新轻改造”理念的践行奠定了物质基础。三五一一厂联排式城市街区的构造为各种建筑形态提供了很好的适应性，每一排建筑在位置布局、形象设计、三维形体、功能设置等方面基本一样，使得原有建筑区的利用率得到很大的提高。因此，整个项目在修复建筑空间上尽量还原其原真性和完整性，改造过程也是在老厂房原貌上进行更新，将工业时代的遗存进行艺术性改造，呼应项目原址的工业背景。

图 2-5　三五一一厂改造过程中拍摄的实景图

其次，联排式城市街区符合现代城市规划理念。三五一一厂的改造提升表面上是自我复活的必由之路，但也必须符合现代社会城市化进程的规律和城市街区发展规划。三五一一厂所在区域内，不论是大型城市商业综合体，还是现代化的商业住宅小区，联排式建筑群随处可见。相对而言，三五一一厂低密苏式老厂房的统一布局和风格形成了清晰可辨的城市空间，经过改造提升后很容易与所在区域的城市建设、城市风貌、城市基础设施融为一体，进而成为区域城市空间系统的有机组成部分。同时，借助建筑物与周围楼群的高度差和联排式屋顶独特的视觉系统，形成了独具特色的城市符号，弥补了城市结构中的闲暇空间，构成了辖区城市空间错落有致、形态多样、视觉多元的美学感官，可以说是区域城市综合形态布局的点睛之笔。综上所述，以联排式建筑群为依托改造更新三五一一厂，符合城市更新的理念，顺应城市街区设计规划的需要。此外，这个项目能够获得有关部门的批准并得以实施，最终以全新的面貌对外呈现，也证明了这一认知和判断，而且转型后的叁伍壹壹城市文化街区已经成为现代城市街区的重要组成部分。

图 2-6　叁伍壹壹城市文化街区设计图

最后，联排式城市文化街区符合现代商业布局的需要。从三五一一厂到叁伍壹壹城市文化街的转型，对老旧厂区本身来说也是一次转型重生之路，但从改造提升项目的立项、规划、投资、改造、运营来说，这是一个不折不扣的商业街区，投资运营公司最终追求的是商业价值最大化，工业遗迹改造、城市街区更新、文化概念植入、情感记忆营造都是为其商业价值的实现提供辅助和支撑。首先，三五一一厂联排式建筑形态的相对一致性为统一改造提升创造了经济上的便利，土地成本、设计成本、改造成本等方面的投资相对而言比多样化单体建筑改造提升要少，符合商业投资逻辑；其次，经过改造提升建成的叁伍壹壹城市文化街区因为很好地适应了现代城市规划，许多具有特定历史符号意义的建筑元素、空间载体和现代感极强的联排式建筑群满足了市民多方面的价值需求，所传达的稳定传统性和可识别现代性受到了不少消费者的青睐，符合城市文化街区商业消费的逻辑。这一点为项目的持续推进和可持续发展提供了源源不断的动力，也符合现代商业综合体的运行逻辑。从长远来看，也为老旧工业厂区文化保护提供了物理空间上的可能性和经济投入上的可持续性。要是前期的商业模式不被认可，改造提升之路或许就要重新考量，走商业性地产开发之路也是有可能的。

因此，从这方面讲三五一一厂的重生之路，既有城市更新理念带来的必然性，也有自身因素创造的偶然性，其联排式建筑群体就为这种偶然性增加了几分必然性。开业不到一年已经成为网红打卡地的现实也说明上述判断就目前而言是有说服力的。

二、行列式空间构成

虽然联排式建筑构成了三五一一厂和叁伍壹壹城市文化街区的核心，但是作为一个综合性的工业厂区和城市街区，内部形态和空间布局也有其多样性的一面，由多个联排式建筑累加而成的行列式分布也占据了重要地位。用托尔斯滕·别克林和迈克尔·彼得莱克的话来说，“行列式可以被理解为大批量生产时代的产物，其线性特征和个体单元的重复性，使之非常符合工业化预制生产的需要。然而这种建筑在建造上既具有经济性的标准化生产方式，也有建筑布局上的风险因子，即大量重复会导致形式上的千篇一律和空间上的单调乏味”。① 这种分析首先阐明了行列式在工业化生产过程中存在的必要性，以及在三五一一厂产生的必然性，因为大批量生产需要多条生产线同时运作，于是行列式建筑群应运而生。不过从发展的眼光来看，托尔斯滕·别克林和迈克尔·彼得莱克认为的风险因子刚好是三五一一厂改造提升的优势所在。这种优势与上文中分析的联排式建筑群改造提升有异曲同工之妙，降低了对原有空间进行改造的成本，提升了原有建筑的利用率。

虽然不像联排式建筑遗迹那样直接作用于三五一一厂的改造提升，但从结果呈现和内部关联性上影响着叁伍壹壹城市文化街区的功能实现。特别是经过改造后的老厂房的二层空间，行列式空间构成非常明显，现存的每一个商业主体之间通过二次建造的空中街道相连，一定程度上修复了公共空间的连续性，最终塑造了开放式商业街区的外部空间。人们在这种开放的空间感受到不再是压抑的限定感、空间感、拘束感，而是自由不拘、闲情逸致、悠然自得，这种空间感受与叁伍壹壹城市文化街区的花市、鱼市等商业业态形成了良好的呼应，成为叁伍壹壹城市文化街区的一大亮点，也是三五一一厂改造提升的点睛之笔。

三、街坊式街区形态

如果说联排式建筑是三五一一厂最基础的组成单元，行列式就是通过对基础单元的排列组合构成一条条线性结构。不过作为一个大型厂区、社区，三五一一厂已经突破了线性概念。不管是从历史发展脉络来看，还是从老员工的讲述中感知，抑或是透过历史照片分析，三五一一厂已经具备了一个城市街区

---

① 托尔斯滕·别克林，迈克尔·彼得莱克. 城市街区［M］. 张路峰，译. 北京：中国建筑工业出版社，2011（6）：103－104.

的基本要素。生产生活、工作学习、休闲娱乐样样俱全，是一个完全意义上的“城中厂区”“厂中社会”，对外是一个立体的展示，与周围城市环境之间是一个相互成就的关系，是特殊历史时代的特殊工业化产物，具有很多工业厂区的共性特征，同时又因为军工背景而保留了自己的个性。当然，放在后工业时代城市更新改造的大环境下看，构建这个工业社区的物质基础就是各种建筑物，既有原有的工业遗存，也有后续的建筑更新，主体是那些曾经等待复活的工业遗迹，是目前叁伍壹壹城市文化街区里的各种建筑遗迹：1 座老厂区、77 棵大树、4 栋风格鲜明的厂房、数十栋具有年代感的老建筑……这些物质载体是构成这个特殊城市文化空间的基础。

图 2－7　改造后拍摄的二层空间

首先，街坊式城市街区容易实现与城市空间的融合。就叁伍壹壹城市文化街区的空间构成而言，由于受到军事工业特殊历史背景和工业化社区原有功能定位的影响，由三五一一厂改造提升而成的叁伍壹壹城市文化街区，相对于周围商业性开发的城市空间而言，是一个有一定保守性、封闭性、限定性的街坊式城市街区形态。前面所说的联排式建筑形态和行列式建筑布局仅仅是其内部结构，这些结构元素加上其他建筑形态共同构成了这个街坊式、立体化的城市文化街区，并最终以街坊式的形态对外呈现，并以此为基准与城市更新相适应，与城市环境相融合。而街坊式城市街区最大的特点是容易与周围城市更大的空间系统直接相连，“城市街坊是一种界面连续且闭合的城市空间，与城市街道的网格、建筑物控制线相关联，有多个出入口可以供人车通行，从而确保周围的城市肌理和外部的城市空间能够连续”①。正是因为街坊式易于融合的特点，在后工业时代城市化进程中成为引领城市更新的一股潮流，成为老旧厂区、老旧小区、老旧街区城市规划的重要理念和城市街区空间布局的首要选择。

图 2-8 叁伍壹壹城市文化街区的区位图和街区全景

① 托尔斯滕·别克林，迈克尔·彼得莱克.城市街区［M］.张路峰，译.北京：中国建筑工业出版社，2011（6）：85.

其次，街坊式城市街区能承载符合时代潮流的商业模式。叁伍壹壹城市文化街区的街坊式城市空间承载了一种新的商业模式，其理念源于新加坡的新型社区服务概念“邻里中心”①。“邻里中心”是集合了多种生活服务设施的综合性市场，作为集商业、文化、艺术、休闲、花鸟、亲子等于一体的城市生活空间。围绕这一理念配套功能从“油盐酱醋茶”到“衣食住行闲”，尽可能地为用户提供“一站式”服务。同时，这种商业模式接地气、追求务实、关注民生，十分符合老百姓的生活习惯，具备超市购物、园艺花卉、特色餐饮、生活百货、儿童教育、休闲娱乐等多种业态，尽其所有，力争成为周边居民消费消遣的好去处。

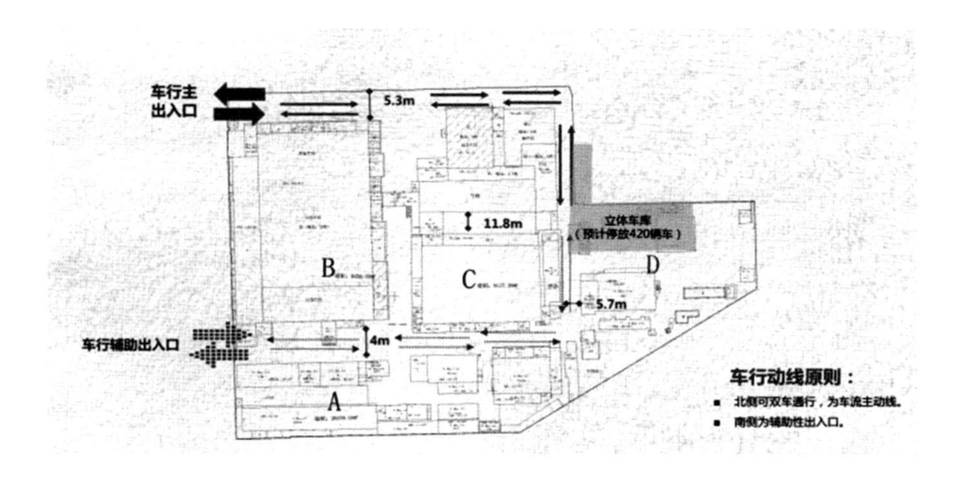

图2-9　通过车行线路了解街区与所在区域的连接点

---

①“邻里中心”这个最早引入新加坡的社区服务概念，指在3000—6000户居民中设立一个功能比较齐全的商业、服务、娱乐中心，能够妥善地解决城市居民生活质量和城市环境中的若干实际问题。它对新加坡的经济社会发展和人群素质的提高起到了根本的保障作用，引起许多发达国家的关注。在美国、新加坡、我国苏州、南京、北京等地都出现了不同类型的邻里型购物中心。社区商业业态是不同于百货公司、超市、卖场、商业街的第五商业业态。

第三，这种商业模式刷新了原有商业新体验，明确将消费群体定位在周边3公里内的小区居民，在业态上也对传统社区商业进行了升级。不论是美食饮品、生活用品，还是创意产品、艺术产品、园艺产品，在每一个领域都尽可能地贴近年轻人的生活消费，力争成为本地年轻人探索生活品位和原创口味的好地方。由于这种理念符合自身发展需要和目标定位，因此三五一一厂在改造提升过程中便引入了“邻里中心”的理念，以社区服务功能建构为出发点，将目标客群确定为周边3公里内的社区居民，希望为其提供日常就餐、购物以及休闲娱乐等一站式服务。因此，叁伍壹壹城市文化街区引进了涵盖生鲜集市、餐饮、咖啡、酒吧、烘焙、花艺、宠物、书店等文创业态。此外，不同于传统意义上的商铺，叁伍壹壹“邻里中心”摒弃了沿街为市的粗放型商业形态的弊端。与传统市民商业相比较，叁伍壹壹城市文化街区的环境更优良、配套更齐全、购物更方便、消费更亲民。与传统的城市商业综合体相比，空间布局更多样、消费体验感更强烈、文化获得感更美好、休闲消遣更惬意……因此被业内人士誉为“区域性商业服务中心开发建设的一个新的里程碑”，而且叁伍壹壹城市文化街区的运营数据也从另一方面证明了这一判断的合理性。据叁伍壹壹城市文化街区商业运维负责人介绍，目前开放运营的园区有B、C两个区域，面积近3万平方米，入驻商户200余家，整体招商完成85%。2021年6月19日在园区举办的创意市集活动“花花大会”，一天内吸引了超过3万客流。①

四、小结

联排式、行列式、街坊式都是建筑学领域的概念，在此结合三五一一厂的改造提升以及叁伍壹壹城市文化街区的规划、建设、运营进行阐述，是出

---

① 陈星星：生鲜市集+花鸟鱼市+休闲餐饮：老厂房如何变身社区商业中心［EB/OL］.（2021-07-26）［2022-02-02］https：//new.qq.com/omn/20210726/20210726A02ULV00.html.

于以下几点思考：第一，已经失去了原有功能的三五一一厂的改造提升本身就是一个二次建筑的过程，很多方面都离不开建筑学的规划理论、设计原理以及工程学的具体实践，这些概念的引入能够很好地解释三五一一厂转变成叁伍壹壹城市文化街区的内在逻辑，回答“为什么是目前这种形态而不是其他形态”的疑惑，厘清叁伍壹壹城市文化街区空间建构的特殊性和合理性。第二，通过对现有城市文化街区物理空间建构来龙去脉的分析，为更好地理解接下来要分析的建筑更新、功能建构、空间建构、情景建构做好理论铺垫，毕竟这些要素的呈现都是以原有工业历史建筑遗迹为内在纽带，以改造提升的新建筑形态为物质载体。第三，经过对三种模式的综合分析会得出一个相同的结论：叁伍壹壹城市文化街区的建设符合城市更新的逻辑。符合商业价值提升的逻辑，前者为老厂重生创造了充分条件，后者为城市街区的可持续发展提供了必要条件，两者缺一不可，互为补充。从本课题研究的角度来看，没有改造过程就没有对年代感的追溯，没有历史遗迹的重生就没有对文化传承的延续，没有城市街区的可持续发展就没有媒介空间、文化空间、情感空间以及社会生活空间这些后续研究内容的支撑。

第三节　一个城市文化街区的功能建构

三五一一厂到叁伍壹壹城市文化街区的改造提升过程，单独来看属于一个老旧厂区的自我复活和价值重塑过程，是一个工业历史遗迹的保护性开发过程，不过将其放在城市发展历史轨迹上看，属于城市更新的范畴，是将城市中已经不适应现代化城市规划和市民社会生活的老旧工业区、老旧商业区、老旧小区、老旧街区等城市建成区域，根据城市规划进行综合整治和有机更新的活动。

用城市规划领域的专业化定义来说，城市更新可定义为通过维护、整建、拆除等方式使“城中厂区”得以经济合理的再利用，并强化城市功能，增进社会福祉，提高生活品质，促进城市健全发展。也就是说对城市中心老旧建筑物的改建、城中村的拆迁安置、以及历史遗迹的保留，都是为了创造一个美好的工作与居住环境。①

在前文“城市更新”理念演变的分析中提到了第二次世界大战后，西方发达国家一些工业化大城市中心地区的工业出现了向郊区迁移的趋势，原来的中心工业区开始衰落，面对这种整体性的城市问题，许多国家纷纷兴起了城市更新运动。在率先开展工业革命的英国，城市更新的任务更加突出，工业历史遗迹改造提升工作更加紧迫，其意义不只是城市物质环境的改善，还有更广泛的社会治安与经济复兴意义。

当前我国城市更新的大背景与三五一一厂的改造提升相得益彰，西安“十四五”期间系统推进城市有机更新的发展规划与叁伍壹壹城市文化街区的发展相辅相成，因此才有了叁伍壹壹城市文化街区的今天，也将带来可持续发展的明天。具体到三五一一厂的改造提升本身而言，所有的空间再造都是经过对原有工业遗迹的更新得以实现的，因此本节的主要内容是在上文梳理建筑元素、空间布局以及街区形态的基础上，剖析每一个建筑单元的更新理念，每一个空间构成的功能规划以及整体街区的场景营造。

一、老旧厂区建筑遗迹更新

三五一一厂的基础是老厂房、老建筑、老厂区，既然选择了改造提升而不是拆除重建，那么所有的工作都应该从这些老旧工业遗迹的更新开始。工业

---

① Beswick, C. (2002) Urban Regeneration: The Experience of London In Tsenkova, Sasha. Urban Regeneration: Learning from the British Experience (pp. 17 – 34). Galgary: Faculty of Environmental Design, Un. Roberts, Peter. & Sykes, Hugh. (2000). Urban Regeneration: A Handbook. Sage Publication (London).

历史遗迹更新的目的是对其无法满足现代需求的部分进行拆迁、改造、投资和建设，以全新的城市街区替换老旧厂区功能性衰败的物质空间，使之重新发展和繁荣。三五一一厂的改造提升就是这一目标的实践过程。

在整体布局上，三五一一厂按照“微更新”的原则，在修复建筑外部空间上尽量保持原有的样子，以提升建筑的吸引力，增加老旧建筑的活力。在设计规划上通过控制建筑高度还原工厂形式，修复建筑风貌时保留工业怀旧风，不仅是对原有的建筑资源予以充分利用，同时也是对工业历史文化资源的延续和传承，这种“工业风”与周围居民生活的社区形成鲜明的对比。

在规划设计上，老旧建筑改造设计的手法受原有建筑自身条件的制约，建筑物保存完好程度直接决定更新得以实施的可行性和预期效果。三五一一厂相对完整的工业遗迹为更新改造提供了前提条件。与此同时，改造设计还受周围环境的制约，在改造的过程中不仅要考虑结合原有建筑的特点，还要考虑与周围环境的适应性，同时还要符合城市的发展规划理念，自我改造修复应该恰到好处，能够达到与周围新型建筑浑然一体的感觉，或者起到画龙点睛的作用，不能出现与周围环境格格不入的情况，更不能出现违背城市规划理念的情况。三五一一厂在改造提升的过程中，通过划分历史建筑的基础单元，根据各自的状况分为保留、拆除、新建三个部分，分别进行设计规划。改造后的一楼为相对规则的商业空间，二楼为不规则形状混凝土主体、透明屋顶设计。

不论是新建的还是经过老旧街区改造的城市街区，空间布局是城市街区有别于其他商业综合体的关键所在，也是城市街区的核心要义所在。新建的自然有完善、成熟、可行的一套体系，改造提升的城市街区因为受原有建筑布局的影响比较大，因此如何通过有效的建筑更新实现空间布局效果最优是一项难题。叁伍壹壹城市文化街区根据原有厂房的实际层高，将其分为两层，并在内部适当加建，两层空间各有分工，“一动一静”体现了空间交互方面的哲学：一层延续了民洁路周边密集的住宅区和繁忙的早市生态，扩散“市井烟火气息”，在一层聚集菜市场和美食业态，满足周边居民的特色化需求。二层以空中花市为突破口，整体划分为A、B、C三个区域，透明设计使得光照充足，白天采光完全无需灯光照明，并且保证了较好的空气流通性。空中花市并不临街，远离一层和周边的闹市，闹中取静，与一层的“市井生活气息”相互映衬，“一动一静”间形成了各自相对独立的空间结构。

在环境营造方面，建筑是一个相互依存的资产，在赋予城市场所感方面起到了重要的作用，各种与其相关联的环境改进措施共同促进了实际效果的生成，共同改变着老旧城市街区的外观和形象。叁伍壹壹城市文化街区增添了许多宜人的景观小品，在“微更新”模式下可以通过划分街区的生态单元，对街区内每一个生态单元进行环境评估，并根据不同的评估结果做出相应的补充设计。如在文化街区内随处可见一些“大字报”，写着一些颇具浪漫与情怀的文字，又如在B区与C区之间的折角形楼梯处设有绿色景观过渡，重建人与人之间的亲密关系，并且使人行走在街区内也能时刻感受到天气的变化。此外，街区整体规划通过优化空间布局使动线合理、疏密相间，通过改造提升实现了区域资源的功能整合，满足了不同诉求与各板块之间功能协调的要求，最终实现了叁伍壹壹城市文化街区与原来老厂区以及周边生活区、商务区的和谐共生。

二、城市文化街区功能建构

建筑更新是手段，功能建构是目标。建筑更新就是通过必要的功能调整以延长老旧建筑的有效寿命，传递老旧建筑的文化血脉，实现工业历史建筑遗迹功能与现代城市生活功能之间的协调统一，实现多重社会功能的建构。叁伍壹壹城市文化街区就是通过对工业遗产的活化设计与更新再造，打造一个具有

“文化与生活对接”“艺术与幸福结合”，具有“共建、共赏、共享”特色的现代城市空间，创建一个以社区服务为主，兼具生活配套服务空间与文化体验空间的复合型社区商业中心，涵盖生鲜超市、生活零售、餐饮、咖啡、烘焙、花卉、亲子、书店、展馆、杂货、周末创意集市及其他创新产业业态，搭建一个亲民、利民、便民的城市生活空间，是一个具有独特文创基因且贯穿全新消费理念的文艺型、场景沉浸式社区商业新环境。

在功能设置上街区也是完全遵照这一理念进行布局。在充分挖掘老旧厂区功能价值的基础上进行“破圈”，对原有的功能分区和价值体系进行解构，重新审视改造提升后城市文化街区的空间布局和街区定位，并结合城市更新的需要对其功能进行重新建构，实现原有工业历史遗迹留存功能与现代城市街区服务功能的融合，从而达到功能延续性、多元性、现代性、商业性、文化性、情感性共赏、共享、共情的良好效果。这为街区的商业形态布局和城市商业服务中心的建设奠定了基础，也为身处这个具有特殊时代背景的城市文化街区中的游客、顾客、看客提供一种全新的视觉体验、感官体验、情景体验以及行为体验。

叁伍壹壹城市文化街区在具体功能分区上有A、B、C、D四个区域，C、D区域是第一批完成改造的。随着B区于2021年6月份正式投入运营，三五一一厂长达三年的改造提升主体工程算是告一段落。

A区功能方向：基本都是后期新建建筑，外观设计上可考虑富有历史画面感的手绘墙，主要以氛围包装+快闪店为主，提升园区文化创意品位。后期建筑为新建高层办公区，以创意办公（联合办公、独立办公）为主导功能业态，打造科技创新为主的双创合作交流平台；同时借助三五一一厂的军工企业背景和军民融合发展轨迹，打造部分军民融合实验室、研究中心、智造中心等高精尖科创业态。

B 区功能方向：这个区紧沿区域交通要塞——民洁路，为城市文化街区形象的最佳展示区，也是项目品牌的核心所在，区域价值最高，功能定位上从“生活记忆”入手，打造记忆保留与生活服务区，业态规划上以生活服务配套为主，搭配文化创意零售和生活美学零售；以“文创生活场景”为核心要素打造 15 分钟便民生活圈①。此外，这一区域与交通要塞相连的区位优势，交通功能的完善显得更加重要，为了方便人们进出和提升人流量，在目前主要人行、车行出入口位于西侧的基础上，增加 B 区西侧人行出入口，形成一个网格化的交通分布。

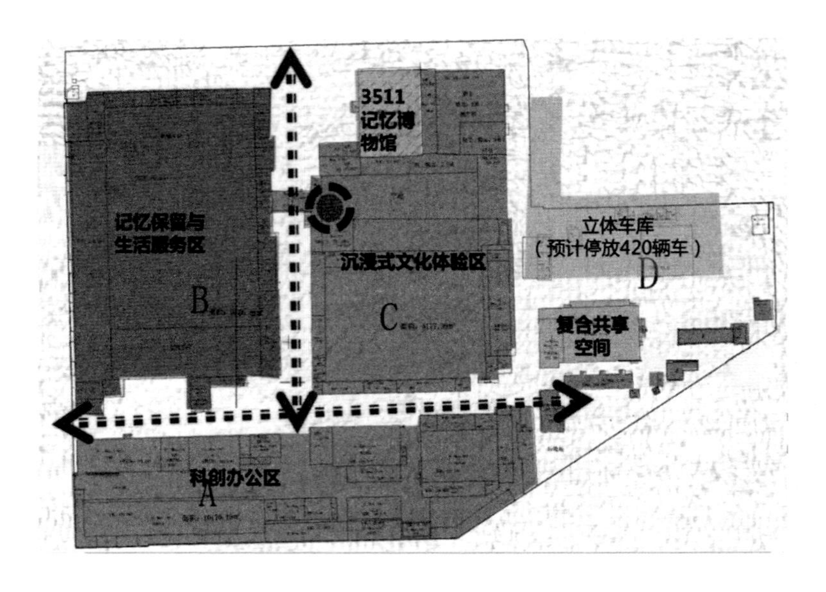

图 2－10　叁伍壹壹城市文化街区功能分布示意图

---

①“15 分钟便民生活圈”是许多城市的一个新的规划方向，可以理解为一个满足“衣食住行，文体教卫”等日常生活所需的，步行可达的社区生活基本单元。

C 区功能方向：C 区相对而言处在中心位置，原有厂房建筑形态保存比较完整，西侧还有小广场，氛围价值最高，利用小面积老旧厂房打造“叁伍壹壹记忆博物馆”。区别于常见的画展这类普遍性业态，可以考虑引入雕塑常态展，常态化展出知名雕塑家作品，为国内外雕塑家提供创作、交流空间。南侧老厂房保存完整，紧邻工业遗迹以及北侧廊道，适合以氛围为主的复合业态，可提升此处的工业文化传承功能。总体而言，该区域整体定位是文化体验，通过“复合业态 + 多元品类 + 文化赋能 + 主题场景”等形式迎合新生代的消费诉求。通过“体验经济 + 服务功能 + 跨界融合 + 场景营造”等多方面打造沉浸式文化体验区；以商创为主导功能业态，深度孵化创意商业、特色商业和文创商业，部分区域可以考虑安排办公、教育、作坊等业态。

D 区功能方向：这个区域面积非常小，而且不太适合街区商业布局的要求，因此以“发挥物业价值”为原则，对这一区域的工业遗迹进行改造。烟囱及周边建筑重点打造保留“老厂房”原风貌的“工业记忆”展示区，锅炉房被改造为 WEWORK 复合空间，业态为酒店、咖啡屋等，让人们在慢生活中追忆曾经的“厂愁”。

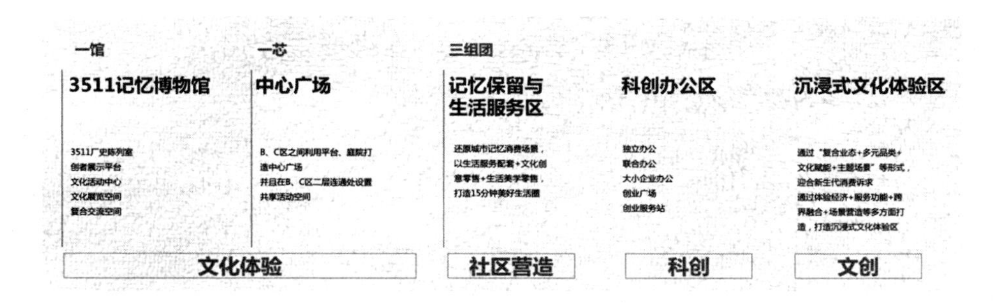

图 2－11　叁伍壹壹城市文化街区功能解构框架图

叁伍壹壹城市文化街区经过细致的功能划分，最终在整体结构上以“一馆、一芯、三组团”为基础架构。办公空间、交流空间、购物空间、消费空间、休憩空间、文化空间、记忆空间相互渗透，融合办公、休闲、社交、生活等多种功能。不同建筑空间可以灵活满足不同使用者的需求，整体呈现出一种多元化的城市生活空间特性，但这种多元化又以历史为轴线，是功能划分的内在逻辑主线。

三、功能街区情景空间建构

如果从纯商业的角度讲，三五一一厂的改造提升基本已经完成，一个具有多功能的叁伍壹壹城市文化街区已经投入运营，但对于工业遗迹的文化传承和城市街区的空间建构来说仅仅是一个开始。一般来讲，工业历史遗迹的更新包含两个方面，一方面是对建筑物本身的改造；另一方面是对各种生态环境、文化环境、视觉环境、空间环境等方面的改造与延续，包括老厂职工和新型街区消费者的文化认知、思维定式、情感依恋以及心理接受程度等方面的延续与更新。

所以，从这方面来看，三五一一厂目前只完成了第一个方面的建构，对第二个方面的打造才是核心与精髓。当然相对于看得见、摸得着的第一部分，这部分内容更加抽象。以B区的核心概念“记忆留存”为例，如何让这个抽象的概念具象化，需要在建筑设计上通过“情景空间”营造培育氛围，通过“情感导入”让原本无形的空间变得有形，并通过它们作用于人们的“情感空间”。毕竟情感是人对外界事物作用于自身时产生的一种生理反应，受需求和期望决定，当这种需求和期望得到满足时，人便会产生愉悦感。

情景空间建构的核心是以景抒情，通过一种意向的情景制造来表现空间的共享，同时还要突出每个空间的个性，强调每个空间与人的互动体验，满足人对空间的某种需求和期望。叁伍壹壹城市文化街区B区是老厂房改造而成的区域，作为建筑空间核心要素的厂房，因为房梁高度有限影响了情景空间建构，于是街区通过引入创意花市营造“生活之美”的情景空间来强化街区的氛围感。

此外，叁伍壹壹城市文化街区花卉市场是西安市第一家营业至晚上的花卉市场，大众对街区的青睐与它的“花”息息相关。从商业稀缺性的角度来看，这也是叁伍壹壹城市文化街区有别于其他城市街区的显著特点与创新之处。立足于花卉市场定期举办花花大会，从分享内容、市集品牌、特色展览与音乐演出等不同单元向不同人群发出邀请，吸引包括城市更新、社区营造、社区商业、公共艺术、公共空间等多个领域的伙伴。

在物理空间情景的建构上，街区内部空间尽可能改变联排式老旧厂区的单一空间构成，融合生活配套及文化服务两种类型的商业，而这两种商业类型的空间关系需要有一个逐渐过渡的空间。除了交通关系的错落感，还要增强趣味性，于是要建构一个过渡性的“情景空间”来暗示下一个区域空间的存在，并引导人们进入。这个空间的营造要符合人们的认识、情感、行为，毕竟城市街区空间布局不同于城市商业综合体，在相对自由开放的空间里使用指示牌与其调性不符，可以通过迷路感来增强“逛”的趣味性。于是最终选择通过在转角建构一个个独具特色的“空间”，实现人在空间中应有的感知以及人与空间的互动和交流。

为了建构“情景空间”实现“情感导入”，叁伍壹壹城市文化街区保留了工业遗迹留存和公共装置，设计独具街区特色的转角，不仅是功能性的体现，也是致敬20世纪时代记忆的片段。街区保留了旧时工厂的烟筒和墙体标语，带给人们强烈的文化沉浸感、工业沉浸感。在一二层过渡空间铺设了一大片草坪，与周围的大树等绿植组合形成公园式的休憩场所，带给人们消遣的满足感。在公共休闲区域设置了天台、大面积阶梯以及涂鸦墙等网红打卡点，不仅能够满足周边居民消遣遛弯的需求，同时能够吸引年轻人打卡、聚餐、消费……这种新旧都市、新旧建筑的文化反差体现出空间的连接潜力——不仅连接辉煌的过去，还要连接美好的未来，不仅满足了年轻人追忆工业历史的情感诉求，也顺应了其追逐网红打卡的心理诉求。

四、小　结

经过对老旧厂房的改造和工业建筑的遗迹更新，这个已经退出历史舞台的三五一一厂以全新的面貌得以复活重生。经过功能建构，叁伍壹壹城市文化街区既有历史文化的厚重感，又有现代城市街区直观活泼的时尚感。但与单纯的现代化城市商业综合体不同，老旧厂区经过商业化改造形成的城市空间具有独特的历史底蕴和文化灵魂，承载了不少人的年代记忆，容易唤起人们的情感共鸣，这既是其文化内涵所在，更是商业价值可持续发展的核心竞争力所在。本章通过对历史纵深的梳理，简述了三五一一厂的发展历程，又通过对老旧建筑遗迹本身的解读，阐释改造过程中城市更新理念的实践过程，描述了叁伍壹壹城市文化街区的空间构成，最后对这种物质空间构成给予情感化分析，并结合项目本身的设计理念、运营理念、功能划分以及现实效果回答了本章节开头部分提出的问题，同时为后续研究奠定了空间基础和情感基础。

第三章
符号空间：城市文化街区的多元传播

“倘若我们承认符号系统是能对构造世界发挥作用的社会产物，即它们不只是反映社会关系，还有助于建构这些关系。那么，人们就可以在一定限度内，通过改变世界的表象来改变这个世界。”

——皮埃尔·布尔迪厄

城市文化街区不仅是物质空间，还是功能空间，更是媒介空间，也是社会生活空间，当然更是符号空间。在万物皆媒的时代，不论是老旧工业厂区的历史建筑遗迹，还是已经废弃的没有任何使用价值而仅仅作为装饰品的老旧机器零部件，抑或是经过改造提升的城市文化街区的现代化符号元素，甚至是摆放在货架上的各式各样的商品，都可以说是传播信息、表达情感、承载记忆的媒介。本章主要分析叁伍壹壹城市文化街区这个物质空间里的符号表征系统，通过对其媒介属性的诠释梳理其工业信息、文化信息、商业信息等内容的多元化传播路径，以及基于自媒体平台用户体验形成的“群体画像”，旨在说明媒介符号下的叁伍壹壹城市文化街区是一个什么样的存在。

第一节 “叁伍壹壹”媒介空间的特殊场域

叁伍壹壹城市文化街区可以说是西安这座现代化城市组成要素中的一个特殊场域，是三五一一厂厚重工业历史的符号化表达。这里的一花一草一景观，一砖一瓦一街区，一人一物一摆件都是媒介符号，都是能指与所指的对立统一体系。在这个富有特殊历史记忆的媒介场域里形成了独特的传播方式，这个独特的城市文化街区被赋予了特殊的年代记忆。叁伍壹壹城市文化街区就是一个独具特色的媒介场域，拥有别具特色的媒介符号系统和媒介表达方式，当然还有一系列大众传播媒介为其媒介空间的建构“添砖加瓦”。

一、媒介场域的城市文化街区赋义

场域理论刚开始与传播学没有必然联系，是社会学的主要理论之一，是关于人类行为的一种概念模式，起源于19世纪中叶的物理学概念。提出者库尔特·考夫卡认为，场域是一种相对独立的社会空间。相对独立性既是不同场域相互区别的标志，也是不同场域得以存在的依据。美国社会心理学家、传播学四大先驱之一库尔特·卢因又将场域理论进行了社会学赋义，认为“场域即生活空间”，人与环境是一个共同的动力整体，至此场域概念成为理解“生活空间”的范式。任何一个场域的发展都经过了一个为自主性而斗争的历程。在此过程中场域自身的逻辑逐渐获得独立，成为支配场域中一切行动者及其实践活动的逻辑。

简而言之，场域概念表达的核心要义是在某一个社会空间中，由特定的行动者相互关系的网络所表现的各种社会理论和因素的综合体，基本上是依靠社会关系网络表现出来的社会性力量维持相对的统一性，同时也靠这种社会性力量的不同性质而相互区别。由此可见，无论是从物理学概念出发，还是从社会学角度出发，叁伍壹壹城市文化街区本身具有“场域”的特质，当然从传播学的概念出发同样具备了“场域”的要素。

图 3－1　改造前后空间对比

叁伍壹壹城市文化街区的诞生与建筑学密不可分，场域与建筑是对立统一的存在，建筑在场域中存在，场域是建筑的内部空间与外部空间交流、对话、互动的“地图”、结果、答案。① 任何事物与环境都是一体的，建筑物本身不可能以单一的形式存在，更不是单独的个体。三五一一厂曾经是一座

① 王耘. 空间・结构・场域——中国古代建筑美学的三重“圈层”[N]，中国社会科学报，2018.03.07（A06）.

具有辉煌历史的军工厂，无论是以厂房、仓库、车间等为代表的生产空间，还是以宿舍、食堂、球场、广场为代表的生活空间，都是由一套完整的建筑组合而成。但这种组合不是简单地排列在一起，而是按照固有的“道理”有机地组合在一起，随着政治、经济、文化、生态、资本、时代、使命等外部环境的不同而有所不同。原三五一一厂建筑群的组合与叁伍壹壹城市文化街区建筑群的组合在“道理”上是完全不同的，即便很多建筑具有历史延续性，但它们所处的外部环境完全不同。从这个意义上讲，建筑是一种社会性的存在，本身也具有很多社会属性，包含自我创造的求生本能、自我塑形的求美本能、自我革新的求变本能等，甚至有不为人知的自我“繁殖”力，三五一一厂的复活就是这种社会性的体现。王耘认为，建筑物把万千的包括人类在内而又不只是人类的生命汇聚在自己“体内”，这便是建筑的“场域”。①

将“社会空间”“客观历史关系”“特有价值”“关系网络”“建筑组合”“建筑场域”等场域理论以及建筑学概念里的这些关键词置于叁伍壹壹城市文化街区这个特定的城市空间，似乎有很多相同之处，这里有历史的延续性、文化的传承性、资本的商业性、功能的现代性、意象的多元性、情景的创造性。这些特性在老旧工业厂区改造和新型城市街区建构的过程中相伴相生、互为补充、相得益彰，最终构成这个特殊城市空间的内在逻辑，形成了兼具昔日工业文明和现代商业文明的特殊“场域”。

从这个层面上讲，“场域”理论在城市街区中也有其特殊含义。当然这种含义是被刻意赋予的，是对“场域”理论在细分领域的狭义解读。不过套用矛盾普遍性寓于特殊性的普世哲学观点来看，这种解读是有道理的，能使抽

---

① 王耘. 空间·结构·场域——中国古代建筑美学的三重“圈层”[N]，中国社会科学报，2018.03.07（A06）.

象的概念相对具象化，对于理解特定意义下的“场域”更有指导性，也为城市街区“媒介场域”概念的赋义圈定了理论基础和认知前提，当然这种认知是建立在“媒介场”理论基础之上的。

法国当代著名社会学家皮埃尔·布尔迪厄在1996年出版的《关于电视》中提出了“电视场”“新闻场”的概念，随后他又与其他的研究者一起将上述概念进行整合，提出了“媒介场”的概念。因为当时的主流“媒介”形态有报道新闻为主的纸质媒介和娱乐为主的电视媒介。进入新媒介时代后，如何看待以互联网和移动互联为基础的新媒介对于“媒介场”的影响，很大程度影响了“媒介场”错综复杂的内在联系。加拿大特伦特大学文化分析系社会学和传播学研究型教授迈克·费瑟斯通指出，“如果对媒介的本质及其运作方式缺乏理论理解，那么人们在理解当今社会、文化及经济形式时就会越发觉得其困难”。①

特别是在“全程媒体、全息媒体、全员媒体、全效媒体”时代，“媒介”的边缘早已不存在，“万物皆媒”早已成为现实，城市文化街区也突破了原有的商业功能，成为具有“媒介”功能的信息传播载体。街区空间本身、街区构成元素、街区整体形态、街区内的各种屏幕、街区的声光电表现形式等，构成了一个个具有自我独特性的“信息场”。如同布迪厄所说的“电视场”“新闻场”一样，只是这些细分的“信息场”不是单独存在的，而是相互依存、相互关联、相互渗透，最终在叁伍壹壹城市文化街区所构建的“场域”中通过一定的“道理”形成了具有自我价值观的“媒介场域”。这种特殊的“媒介场域”中的独特文化基因、空间布局、功能建构、情感认知等内在逻辑构成叁伍壹壹城市文化街区信息传播的核心内容和关键要素。

---

① 迈克·费瑟斯通，张清民，陈晶晶.无处不在的媒介［J］.江西社会科学，2008（05）：252－254.

二、“叁伍壹壹”传播媒介的类型

媒介场域是一个抽象的概念，通过对其进行具象化赋义能得出一个相对清晰的内涵和外延，也给叁伍壹壹城市文化街区赋予了相对清晰的媒介属性。这个相对清晰的场域中到底有哪些媒介构成要素？笔者通过深入街区实地走访以及深入调研会发现，物质媒介、符号媒介、语言媒介、图文媒介、智能媒介、声光电媒介、实时互动媒介等媒介形态在这里一应俱全，“万物皆媒”的现状在这里得到了全方位的呈现，所有的“物”都是信息传播载体。用清华大学新闻与传播学院教授、新媒体研究中心主任彭兰的话来说，以往媒体的“拟态信息”环境主要是由人的选择建构的，当物成为一种重要的信息生产者时，它们被安置的位置、工作状态、系统设置等也具有选择性，因此“物”可能以自己的方式构建一种拟态环境。① 单纯从传播媒介的角度讲，叁伍壹壹城市文化街区就是由“物”构成了拟态环境②。在这个经过了70多年工业化历史沉淀的特定环境中，改造提升后的新运营主体的主观意向非常明显，商业目的也非常明确，毕竟其核心不是大众传播媒介，而是一个以盈利为目的的城市商业街区。媒介空间的营造、媒介场域的建构、拟态环境的构成都是实现商业目标的手段，只是需要给老旧厂区改造而成的城市文化街区赋予特殊的意义，进而形成特别的语境，传递特有的文化。

一是以老旧工业遗迹为代表的物质媒介。所有的工业遗迹都是承载并传递信息的物理形式，其受众是各种与建筑发生关系的人群，可能是建筑的使用

---

① 彭兰.5G时代“物”对传播的再塑造［J］.探索与争鸣，2019（09）：54－57.

②“拟态环境”或称“似而非环境”，是指大众传播活动形成的信息环境，并不是对客观环境“镜子式”的再现，而是大众传播媒介通过对新闻和信息进行选择、加工和报道，重新加以结构化后向人们展示的环境。

者、欣赏者和评议者，也可能是城市的建设者、管理者和领导者，还有可能是消费者、过路者和观摩者。建筑性质、位置、功能的公共性越强，与之发生关系的人群数就越庞大；建筑的历史越长，影响力越大，与之发生关系的人就越多。在叁伍壹壹城市文化街区的改造过程中，原有的三五一一厂有着70多年的历史，曾经是非常辉煌的军工企业，无论是产品还是声誉都影响了几代人，这里厚重的文化属性难以被复制，只能被保护性传承，也就是通过城市更新实现老旧厂区的"再生"与"复活"，这也是其核心竞争力所在。这意味着保留历史痕迹并充分挖掘其文化属性是老厂区改造的关键所在，也是营造独特媒介场域的特质所在。

首先，历史建筑遗迹是一种工业文化精神的载体，通过历史建筑更新理解丰富的文化内涵，叁伍壹壹城市文化街区自然要最大限度地保留厂区的原貌，没有原貌就算不上遗迹，没有遗迹就没有文化载体，没有载体就没有原生态工业信息的传播。因此，不能对厂区的主体建筑以及植被做出大规模调整，改造的重点在于将挑高极高的厂房隔出二层区域，这一举措将最大限度地保留厂区的"工业风"，保存了一个相对完整的老旧厂区。其中，3栋苏式风貌厂房、10栋20世纪50年代的老旧建筑群、77棵原有的大树、米禾集市用秦砖汉瓦搭建的售货台、"炭市街""洒金桥""冰窖巷""甜水井街""子午路""下马陵""草场坡""五味什字""百草路"等西安历史文化地名的木制牌匾，以及大厂食街里"路边摊"的用餐场景。这些原样保留下来的老工业时期的建筑遗迹、生活场景以及历史文化符号成为街区最独特的媒介符号，是构成这个特殊媒介场域的核心要素。

其次，叁伍壹壹城市文化街区还专门规划建设了三五一一厂博物馆，收集展示了不少老物件、老照片和历史资料。这些东西展示了厂区的发展轨迹和辉煌业绩，传递着园区的历史记忆、文化属性，也是厂区向街区转变的见证者，更是经过城市更新后的城市文化街区寻求历史记忆的独特媒介空间。传播者的核心要义是展示工业文化，受传者的核心要义是感受工业文化，双方意愿的实现是有效传播的必然要求，也是博物馆这个特殊媒介场域建设的意义所在。

图 3-2　老旧厂区改造过程中，通过全透明设计形成的独特城市空间

最后，摆放在街区里作为点缀的老旧机器、原样保存的烟囱、公共区域的广场装置和转角构件，都在向人们传播着三五一一厂昔日的历史记忆，希望通过这些散布在街区里的工业遗迹符号勾起人们零零散散的记忆片段。当然，这些记忆片段可能是与三五一一厂本身相关的历史，也有可能是和那个特殊年代工业生活相关的回忆，还有可能是反映三五一一厂或者那个特殊工业年代的小说、电影、电视剧等文学艺术作品在人们心目中留下的一些记忆。不论是

历史建筑还是博物馆，抑或是废旧机器等老物件，这些以建筑为媒介的传播活动，是一个单向信息流的传播活动，仅仅是传播者经过苦思冥想通过一系列媒介承载形式展示给受众的传播行为。但受众对这些媒介形式的认知要经过一段时间的感受才能够理解传播者的意图，而且这种理解与个人的阅历、经历、认知、文化、生活方式等密切相关，这也是叁伍壹壹城市文化街区媒介属性的特殊性所在。

二是以现代符号为载体的空间媒介。所有能想到的媒介符号、能看到的视觉元素、能感受到的形象识别系统在叁伍壹壹城市文化街区中都存在，毕竟这里是一个以商业价值最大化为终极目标的运营主体，想尽一切办法展示自我是商业利益内化驱动的体现，自我展示平台就是“媒介”。具体而言，这里的“空间媒介”是上文中提到的以物质媒介为主导的建筑设计理论的具体实践，是以现代城市规划为基础的媒介建构，以城市街区功能为导向的媒介呈现，以市民生活需求为核心的媒介表达。例如，叁伍壹壹城市文化街区通过一系列商业性媒介符号呈现给大家的第一印象是将现代商业符号综合运用得淋漓尽致：从插画、印刷、设计、出版、摄影、表情包等创意艺术到绿植、鲜花、水族、器具等品质生活代表；从果蔬、咖啡、啤酒、美食、柴米油盐酱醋茶等生活用品到文化创意带来的艺术情景；从风靡线上的网红打卡地的塑造到奇趣的街区社交体验；这些符号载体都表达着人们在热爱生活方面逐渐向“对美好生活的向往”迈进的理想和追求。当然，除了对品质生活的追求，日常生活的美好体验也是必不可少的，只是这方面的媒介呈现特征相对而言不是那么明显，毕竟已经融入了大众的日常生活，已经成为司空见惯的符号。叁伍壹壹城市文化街区还有一些值得提及的东西，例如街区留出了大量的公共休闲区域，设置了天台、大面积阶梯以及涂鸦墙等现代符号，这些用心的设计规划不仅能够满足周边老年居民生活消遣的需求， 同时还能够吸引一些年轻人打卡、 聚餐、 拍照、 分享体会、 追求个性， 从某些层面上实现自我满足。

三是以商业宣传为目的的广告媒介。 不论老旧建筑如何改造提升， 不论城市空间如何建构， 不论街区文化如何营造， 不论媒介形态如何布局， 叁伍壹壹城市文化街区的核心是以营利为目的。 从媒介的角度而言， 信息、 符号、 载体、 介质、 渠道以及效果都是进行广告宣传的手段和工具， 建筑物、 广告纸、 大小屏、 霓虹灯、 橱窗、 路牌、 宣传册、 门头牌匾、 微信推文、 员工服饰， 甚至商品本身都是广告信息传递的载体， 也可以说是广告媒介形态。 随着社会经济和科学技术的发展， 媒介形态、 媒介环境、 受众习惯都发生了翻天覆地的变化， 广告媒介作为其中的一分子， 自然而然也在不断革新、 更替、 迭代， 从之前的报纸到后来的电视， 从当初的互联网到现在的移动互联网、 物联网、 区块链， 广告媒介在新技术和新理念的运用上已经走在了传媒业的前列。 为什么会出现这种情况？ 因为曾经的广告大多数情况下是嫁接于传统媒体之上进行自我展示， 也可以说是以传统媒体为载体进行传播， 传统媒体是广而告之得以实现的途径， 因此广告本身受制于媒介技术和传媒业的发展。 但随着新技术的发展和受众喜好的变化， 很多广告主体可以通过各种自媒体实现与目标客户的有效对接、 实时互动、 深入交流， 从而培养客户的美誉度、 忠诚度， 最终实现购买的终极目标。 与此同时， 很多大型商业综合体开发的应用软件既是销售平台， 也是宣传平台， 还是互动平台。 而且资本、 企业、 商人是对技术最敏感的群体， 只要有利可图、 技术可依、 效果可期， 他们就会想尽一切办法为其所用， 对媒介技术的掌握、 使用、 二次开发已经到了无所不用其极的地步。 叁伍壹壹城市文化街区因为开业时间不长还没有形成全媒介技术平台，但是全媒体布局已经初见端倪，在微信公众号、微信视频号、抖音号等平台均有账号，而且宣传工作相对来说还算有声有色。微信公众号的内容丰富、创意独特、互动有趣、概念新颖、文化传承到位。总体而言，叁伍壹壹城市文化街区广告媒介的全媒体布局已经拉开帷幕，以城市文化街区为物理空间基础，以传统意义上的宣传载体为辅助，以全媒体传播为总体思路，以目标用户的媒介素养为依托，遵照各类媒介自身的优点和不足，根据城市文化街区的实际情况进行全媒体推介，使广告宣传迅速辐射周边，影响范围有序扩展，尽可能快速地见到效果，并持久地巩固下去，从其目前的经营效果和品牌效应来看似乎已经初见成效。

三、“叁伍壹壹”传播媒介的特点

媒介是信息传递的载体，广告创意也罢，新闻信息也好，都需要通过媒介传达给受众和用户，只是不同媒介的传播特性千差万别，对内容的呈现手段也各有千秋，传播效果更是差别很大。正是因为每一种媒介所使用的符号及其媒介组合的规则不同，才决定了媒介形态和传播规律的差异。此外，不同的传播符号和传播手段导致媒介在时间、空间、形态、效果上存在差异。因此，对媒介特点的分析是传播过程中实现有的放矢的前提，也是对目标用户实现“精准打击”的重要手段。叁伍壹壹城市文化街区作为一个兼具媒介属性的综合性文化空间集合体，作为一个急需实现可持续盈利的新型商业主体，分析其媒介属性和传播特点十分必要。当然，媒介属性和传播特点涉猎面非常广泛，即便是圈定在叁伍壹壹城市文化街区空间范围内，也很难一言以蔽之，从不同的角度、维度、程度出发都可以形成长篇大论。前面的媒介类型梳理为分析传播特点奠定了一定的基础，这里仅仅以上文中阐述的媒介类型为脉络进行简要分析。

第一是实体性。物物传播是直接的实体介质。大众传播中的媒介也是用于传播的实体，如报纸、书刊、电视、广播、电脑、手机等，都是具体的、真实的、有形的物质存在，是信息赖以传播的物质载体。被看作媒介空间的叁伍壹壹城市文化街区，首先是一个城市综合体，是城市化进程的重要组成部分，是市民购物、休闲、生活、创业的场所，是一个真实的存在，其内部是由一个个厂房改造而成的商铺。不论是保持原有风貌的厂房，还是具有现代商业属性的店铺，不论是工业历史遗迹，还是商业性门头牌匾，不论是富有年代感的老物件，还是米禾集市里琳琅满目的生活用品，不论是旧报纸老照片，还是每天在这里工作的年轻人，都是真真切切存在的实体，都是看得见摸得着的个体。他们自身通过各种渠道传递信息的同时也构成了特有的场域。正是这一个又一个、一组又一组、一单元又一单元的实体构成了城市空间的媒介属性，形成了叁伍壹壹城市文化街区特有的传播特点，建构了立体化的信息输出机制，形成了多元化的传播格局。例如，米禾集市充分保留了三五一一老厂的原有结构，为了唤起社区居民对西安的城市记忆，特意选择了城墙砖块元素，在中岛台面下部采用不同造型的青砖进行拼接组合，水磨石地面上的大字是只有西安人能懂的地方方言；深灰色的青砖和大理石台面营造了复古的色调，陈列箱选用偏中性调的木色，把饱和度最高的蔬果作为视觉主体，既拉开了层次，又能很好地衬托商品；中岛底部的一圈暖光灯带使整个空间的氛围柔和起来，而挂在天花板上的圆柱形照射灯将暖光源聚焦到蔬果生鲜上，使得商品在聚光灯的照射下成为这个特定空间真正的主角，中岛上方的镜面铝塑板提升了空间的通透性，通过反射台面上陈列的各色商品扩大色彩的美感；发光的亚克力灯箱，水泥柱上的木刻导视牌、霓虹软管、布面的宣传吊旗，这些不同的介质通过平面设计，消解了菜市场常见的沉闷感，整个氛围变得文艺起来。

图3－3　叁伍壹壹城市文化街区保留了原有厂区的很多风貌

第二是还原性。这里所说的还原性有双重含义，首先是作为信息传播载体的媒介，虽然有一个信息编码和解码的过程，而且不同媒介由于传输手段的差异导致信息解码时原有信息的损耗程度不一，但作为媒介，其本能是在传播过程中保持所负载符号的原声、原形、原样、原意，不能对符号做扭曲、变形和移花接木的处理，从而最大限度地还原信息的原貌，尽可能实现传播主体真实意思的表达。这一点在叁伍壹壹城市文化街区完美实现，因为这里的媒介不像传统意义上的大众媒体，对所谓的新闻价值、社会责任、受众意识等追求仅仅是守住底线，不失真、不违反公序良俗、不带来负面效应即可。这里的所有媒介的功能都是“广而告之”，是完全意义上传播主体意思的符号化表达，通过一切手段尽可能地保证传播者所发出的“广告信息”的原貌。开业信息、打折信息、优惠信息、促销信息，甚至是“花花大会”这类人造概念信息，都要原模原样地传递给受众和用户，这是广告媒介区别于新闻媒介的核心所在。还原性的第二层含义应该说是叁伍壹壹城市文化街区有别于其他城市商业综合体媒介属性的核心所在，因为这里还要尽可能地还原三五一一厂的工业文明和工厂记忆，厂房、仓库、烟囱、古树等老旧工业遗迹是这里的标志性符号，是这个特殊城市媒介空间的所有媒介中最独特的地方，更是独特性的集中体现，因此对这些信息传播载体的还原是空间建构的灵魂所在。通过前面的分析会发现从三五一一厂到叁伍壹壹城市文化街区的蜕变过程中，最大限度地保留了原有的历史遗迹，透过当下的媒介载体感受独具特色的历史文化，让三五一一厂所属时代的工业文明通过这些富有历史厚重感的媒介得以传承，也是媒介还原性的真实体现，而且只能在这种有历史、有文化、有市场、有未来的特色城市文化空间中去体现。很显然，现代化的城市商业街区、国际化的城市综合商业区只能实现第一层“还原”，而无法复制第二层“还原”，而第二层“还原”才是本真所在，因此，“还原性”是叁伍壹壹城市文化街区作为媒介空间最独特的地方。

图 3-4 这些标识牌是工业元素与现代元素相结合的标志

第三是多元性。在信息通信技术和互联网技术快速发展的当下，信息传播既有广播、电视、音像、电影、书籍、报纸、杂志、网站、手机客户端等不同的媒介形态，也有文字、声音、影像、动画、网页、小视频、互动小游戏等多种媒体表现手段，媒介传播进入多元化时代，并呈现出一种新的发展态势。叁伍壹壹城市文化街区作为媒介空间，自然少不了对多元化信息传播方式的应用，更何况社会文化的多元化养成了用户习惯的多元化。在“顾客就是上帝”的商业逻辑下，运用一切用户喜欢的信息手段实现信息有效送达是广告的价值所在，也是叁伍壹壹城市文化街区实现商业价值的手段之一。目前能见到的媒介形态在这里几乎都能找到样本，注重塑形的传统宣传彩页、注重流量的流行短视频、注重效果的声光电大小电子屏幕、注重互动的亲子活动、注重参与的 H5 线上游戏、注重 IP 的概念性音乐节等，这些多元化的传播手段使得文化街区与用户之间建立商业联系、传递文化、交流信息、互动情感、产生消费行为。此外，这里的多元性还有一个重要的体现就是文化多元，除了前文描述的传播手段多元之外，还有就是三五一一厂对文化的独特传播方式。这一点与实体性和还原性是相辅相成的。正是因为有了老旧建筑的实体存在和改造过程的还原性保护，才有了叁伍壹壹城市文化街区的特有文化内涵，如果不是选择改造提升的蜕变重生之路，而是以商业地产开发的形式出现，那么特殊的历史文化和独特的多元文化可能就不复存在，没有了多元文化内涵自然也就不会有与之相适应的多元化传播特征。

第四是拓展性。麦克卢汉在《理解媒介：论人的延伸》一书中提出了“媒介即人的延伸”，而且不同时代的人们都能为这一概念赋予特别的时代意义，可以说大家一直认为任何媒介都不外乎是人的感觉和感官的拓展或延伸：文字和印刷媒介是人的视觉能力的延伸，广播是人的听觉能力的延伸，电视则是人的视觉、听觉和感觉能力的综合延伸。以此类推，现今以移动互联技术为支撑的手机媒介，应该说是人们综合感官的拓展和延伸，同时也是人们生活的重要组成部分，甚至可以说是生命中不可或缺的要素。也正是因为对人类感官的全方位调动，最终导致了人们过度依赖手机的现状，当然手机已经成为人们获取信息和方便生活的重要工具。叁伍壹壹城市文化街区作为一个具有多元传播特征的城市商业空间，作为一个以“广而告之”为己任的媒介空间，借助手机拓展媒介功能全方位地影响用户，从而搭建有效宣传的理想路径，通过手机应用程序拓展媒介功能多角度地满足顾客的差异化需求，是更好地实现商业价值的重要途径。

此外，叁伍壹壹城市文化街区的拓展性不仅体现在街区与用户之间的内在关系上，还应该体现在自身媒介功能的拓展上，除了信息载体的“广而告之”功能，还应该赋予其情感空间、文化空间、社会生活空间等功能。通过这个特殊的载体将三五一一厂的辉煌历史、一代人的怀旧感情以及当代人眼中的工业文明传递给受众，或者说是目标客户，让越来越多的人，尤其是年轻人，产生共知、共享、共情。毕竟这里的高耸烟囱、斑驳砖墙、零散机器、翻修仓库，以及有着70多年工业印记的老厂房，见证过城市发展的高光时刻，也满载着一代人甚至几代人生活的回忆，这些老厂房是西安的过去，也是值得回味的青春，更是70多年工业历史的活化石。

四、小结

从三五一一厂到叁伍壹壹城市文化街区，既是物质空间的建构，同样是媒介空间的建构，既是媒介场域自我的更迭，也有媒介环境的变迁使然，当然也受到了政治环境、经济环境、文化环境、城市环境、社会生活环境等因素的影响，可以说是工业化向现代城市商业化转变的具体实践与文化传承。

曾经的三五一一厂是单纯的生产企业，但叁伍壹壹城市文化街区的功能呈现出多元化的特征，特别是随着外部环境的变化和信息社会的变革，尤其是互动性极强的新媒体时代的到来，使得这个现代化的城市商业空间具有了媒介功能，被赋予了发布权、表达权、传播权等媒介权力。但是与传统意义上的大众传媒又有着明显的不同，叁伍壹壹城市文化街区作为一个相对独立的媒介场域，在特殊的历史性与多元的现实性共同作用下形成自己的特色，以工业遗迹为符号、以城市空间为依托、以勾起回忆为手段、以刺激消费为目标，所有的传播行为都围绕着商业价值实现这一主线。而且这个特殊的媒介场域处在动态变化与不断重构中，时时刻刻随着外部环境的变化和自我发展的需要更迭，其中具有媒介属性的“子场域”自然而然也是一个动态的存在，所谓的“特殊性”也会在不断变化的普遍性中呈现出新的“特征”。

第二节　“叁伍壹壹”媒介符号的延续表征

符号媒介是信息传递过程中的载体，是现代社会运用最广泛的传播媒介，是媒介的符号化存在。瑞士语言学家、结构主义语言学奠基人费尔迪南·德·索绪尔在1916年出版的《普通语言学教程》中提出，符号就是一个意指形式（能指）和一个被指观念（所指）的结合体。符号连接了承载形式的所指和表达观念的能指，所指和能指反过来构成符号本身，从而确立自己的存在，因此不存在单一的、不可变的、普遍的“真正意义”，意义都是传播者意志的表达。[①] 需要特别强调的是叁伍壹壹城市文化街区承载着广告功能的符号表征，除了符号本身的意义之外，大多数时候是一种“牵强附会”的主观意志。当然这种“牵强附会”必须符合媒介属性和传播规律，只是街区运营主体为了实现预定商业目标通过一系列符号系统把他们创造的独特意义强加于用户或者说消费者。例如叁伍壹壹城市文化街区“花花大会”的概念营销以及活动举办，通过夸张海报、奇装异服、音乐表演、美术展览、街区涂鸦、

---

① 费尔迪南·德·索绪尔. 普通语言学教程［M］. 高名凯，译. 北京：商务印书馆，1980（11）：113.

独特设计、物品展示等符号系统，使看电影、乘凉聊天、咖啡烘焙、艺术市集、看演出、吃肉喝酒与“买花”连接在一起，营造了一个独特的IP——“把美好带回家”。这就是典型的符号表征过程，所谓的“买花”其实就是一个意义得以实践的共享“文化信码”，所谓的“把美好带回家”其实就是一个能够引起用户情感共鸣的人造概念和观点。

一、媒介符号的城市文化街区赋义

媒介的概念特别宽泛，很难给出一个准确的定义，自然科学、人文科学、社会科学都有所涉及，总的来看凡是能使人与人、人与事或事与事之间产生联系或发生关系的物质都可以说是媒介。在符号学中，媒介是符号的可感知部分，是符号的物质载体，“符号即媒介，符号化即媒介化”。三五一一厂改造提升后形成的叁伍壹壹城市文化街区作为一个媒介空间，是由无数个媒介符号按照城市更新理念、建筑更新规律、街区更新规划，经过有机组合建构而成的，每一个符号本身就是街区空间的物质构成，也是建构媒介空间的核心元素，更是媒介信息传播的载体。它们作为个体具有脱离传播信息的独立性，但是作为一个系统又贯穿于叁伍壹壹城市文化街区整体传播活动的全过程。从这个意义说，前文分析的媒介类型和传播特点在符号化存在中都会有所体现，因为“符号即媒介”的论断在这个特殊空间里有很多实践例证：老旧建筑物是符号，原有的工业遗迹是符号，经过改造的钢架结构空间也是符号；三五一一厂博物馆是符号，顶部全透明的花市是符号，就连围绕高耸的烟囱布置的广场也是符号；观赏鱼是符号，网红打卡地是符号，一花一草一木是符号，就连一杯杯别具特色的奶茶也是符号。

“万物皆媒的时代”也可以说万物皆符号，但是符号本身并不能单独完成自我传播，只能作为一个传递信息和表达寓意的载体存在，没有指代的符号是没有意义的。符号首先是一种象征物，用来指称和代表其他事物。其次是一种载体，它承载着交流双方发出的信息。符号的象征性和交际功能赋予了符号强大的生命力。例如三五一一厂留存下来的老旧建筑作为城市空间的重要组成部分，既有很强的实用价值，同时也兼具重要的符号意义，因此才会经过改造提升二次利用，最终呈现在大众面前。作为媒介符号而言，这些老旧建筑存在的价值在于表达三五一一厂的厚重历史和延续特殊工业年代的城市记忆，在于实践城市更新理念下的老旧工业街区提升改造模式，正是“空间实用价值”和“媒介符号价值”的有机结合才形成了叁伍壹壹城市文化街区独有的商业特质，而这些商业特质最终都要经过一个又一个符号化存在实现商业价值，这就是现代商业符号与工业历史符号的加持。例如：ACID、无事忙、NOT BUSY、木言设计、欧洲胡同、楚大树 TRUECHU、来日印厂、孙果树、青豆 Studio、悠麦精酿、图味、兰芳……这些名字就是一个又一个符号，是叁伍壹壹城市文化街区媒介符号的重要组成部分，是城市文化街区现代商业性的符号化表征。

图 3－5　别具特色的标牌就是一种媒介符号

在“万物皆符号”的认知体系中，符号是指代特定意义的意象，可以是老旧厂房、新型建筑、文化街区，还可以是门头牌匾、灯箱广告、标志标识；可以是文字组合、图形图像、视觉创意，还可以是声音信号、视频信号，甚至是一个概念、一场活动、一套表情包。这些符号一方面是意义的载体，是文化的呈现，另一方面是能被感知的客观存在。例如三五一一厂的老旧厂房就是典型的符号，经过改造提升后的叁伍壹壹城市文化街区同样是符号，其中的每一个组成部分依旧是符号，只是作为符号系统所承载的内容不同而已，但是这些符号无一例外都有某种文化内涵和意象作为支撑。工业时代文明和工厂生活记忆算得上是核心内容和内在意象，这种文化内涵和意象是符号存在的本体，是传播符号的价值体现，没有指代的符号犹如无本之木。所以说符号是高度浓缩的文化表征和高度概括的意象表达，原有工业文化的历史性、创造性、时代性、先进性、延续性，最终都要转化为符号形式才能得以保存、传播、更新。现代城市文化街区里所有的建筑更新、街区艺术、生活美学、商业逻辑、网红文化、品牌效应等意象表达，都需要通过媒介符号建构的内在联系才能实现符号与其意义之间的延续表征，并把这种抽象表征具象化地呈现在人们的认知中，人们才能理解叁伍壹壹城市文化街区独特的意象和内涵，才能感受到独特的文化魅力和商业特性。

符号是感知对象给感触主体留下想象印记的惯性，是刺激人们产生某种意念的外在形式。叁伍壹壹城市文化街区作为媒介空间，是一系列刺激人们意念媒介符号的有机组合体。其中，视觉语言符号、听觉语言符号、感觉语言符号是一般受众最容易感触到的直接符号，是最能体现商业主体传播意图的可控符号，也是在叁伍壹壹城市文化街区整体氛围营造中应用最广泛的符号，更是商业广告中效果最明显的符号。因此，本文在接下来的分析中将从这三个方面对其进行详细描述，以便更好地理解其媒介空间建构过程中符号表征的延续性。当然，这里所讲的符号表征是建立在叁伍壹壹这个特定的城市文化街区媒介空间基础上的，是以三五一一厂的历史变迁为基础，是以叁伍壹壹城市文化街区物理空间为载体，这些客观存在是所有符号得以赋义并实现表征的共享“文化信码”。表征就是通过符号将这个特殊的城市文化空间的意义传达给目标用户或者受众，也是这个城市商业综合体的潜在消费者，这一过程得以实现，很大程度上依赖于用户对符号共享意义的认知、认同和认可，得益于对现代城市街区文化的共享、共情与共鸣，得益于相同或相似的工业历史记忆和工厂生活情怀，得益于共同价值观实现和商业需求满足。

二、“叁伍壹壹”的视觉符号

视觉语言符号简单讲就是人们能够通过眼睛看见的东西，专业的表述就是以线条、光线、色彩、对比、对称、形状、平衡、差异、布局、形式等符号要素构成的用来传达各种信息的载体。在人们日常的生产生活中，视觉符号像空气一样无处不在、无时不有。叁伍壹壹城市文化街区的建筑环境、产品包装、广告媒体、涂鸦彩绘、衣着制服、旗帜招牌、标志标牌、橱窗、陈列展示等，只要是人们能够看见的东西都属于视觉语言符号的范畴。这种以直观、形象、易感知的视觉语言符号为核心的传播形式在广告领域最为广泛，因为人们对视觉刺激的感知最明显，不论是从生理上还是心理上讲，以图像为核心元素，具有视觉冲击力的符号信息最符合用户的接受心理。以视觉语言符号为核心的形象识别系统在整个媒介空间建构中显得尤为重要。不仅如此，它还能将城市文化街区识别系统中最具传播力和感染力的东西体现出来，并让用户接受，运用统一的视觉符号系统使用户实现对叁伍壹壹城市文化街区形象的感性识别与理性认知，在城市文化街区自我形象展示和品牌营造上能产生形象、有效、直接的作用，同时还能通过视觉语言符号展示独特的商业经营理念和工业文化传承特点，形成独特的媒介空间、文化空间和生活空间。

图 3－6　废旧机器留存着昔日生产车间最后的记忆①

① 44 寸有梭织机是三五一一厂的第一批机械化设备，用机器代替手工织造宽幅不超过 44 寸的毛巾。以梭子为引，纬器将纬纱引入梭口，当梭子内纬纱用完后能自动完成补纬动作，保证机器正常运转。织机至少有一侧的梭箱大于一时，称为多梭箱织机。为了安全生产，通常有梭织机分为左右手车，开关手柄在机器右侧的称为右手车，反之称为左手车。

符号所承载的内容是从其对象本体内容中提取的极具识别潜质的内容里直接或间接延伸出来的意义。叁伍壹壹城市文化街区的视觉语言符号非常丰富，可以说目前人们能想到的在这里都能找到样本。但是与大众化的现代城市商业综合体相比，这里有很多独具特色的媒介符号，这些符号构成了视觉语言体系的独特性，甚至可以说唯一性。例如本文中多次提到的老旧纺织机器，现如今虽然已经完全丧失了实用价值，但是作为工业化时期具有显著特征的标志性装饰品，摆放在街区主要入口最显眼的位置。作为一个非常显眼的视觉符号，向人们宣示这里的与众不同，书写这里独有的工业文化。特别是残留的军绿色

图 3－7　昔日机械化生产车间的盛景

的工业零部件符号，记录了其独一无二的军工背景。此外，叁伍壹壹城市文化街区通过对废弃老厂房进行改造，不仅建构了更自由的开放式社交消费空间，同时也为商户提供了更多差异化的店面风格，将多元化的符号系统进行有机组合，实现历史与现实的统一、表征与意义的统一、功能与空间的统一。例如，这里在一般性商业品牌的专业化定制上非常讲究，结合叁伍壹壹城市文化街区特有的视觉符号系统和文化特质，为陕拾叁、阿记烧烤、刘信牛羊肉小炒泡馍等品牌进行了定制化的门店设计。这些带有本地文化特色的品牌，不仅将最优质的产品呈现在这里，还通过更好的消费环境和设计，让更多社区消费者能够有更好的体验，在用餐中感受这里特有的工业文化，感受特殊的工厂氛围，让工业遗迹的符号价值与商业主体的利益追求尽可能地趋于“统一”，实现品牌知名度和美誉度的双丰收。

叁伍壹壹城市文化街区里的视觉符号不胜枚举，更不可能逐一分析，很多同源性的符号也没有单独梳理的必要。在此仅以老旧纺织机器为切入点，以经过改造提升的老旧厂房为基本元素，以工业历史遗迹为补充元素，以现代化城市文化街区为实用元素，对叁伍壹壹城市文化街区视觉符号系统进行归纳总结，以便理清这个独特城市文化街区作为媒介空间的视觉肌理①。三五一一老旧厂房经过改造提升呈现在用户面前的视觉符号系统，例如老旧厂房与玻璃透明房顶的结合，老旧厂房与钢架结构空间的整合，老旧厂房与二层转角设计的组合，构成了一个完整的视觉符号序列和体系，形成一种特殊的环境语言，以自己特有的符号形态被人们感知与识别，并通过色彩、造型、材料、布

---

① 杜士英在《视觉传达设计原理》一书中对视觉肌理进行了明确的界定：视觉肌理主要是指通过视觉对触觉肌理的一种心理感受，属于一种联觉作用，如照片或绘画等通过触觉经验与联觉，我们可以获得与实际物体表面肌理相同的触觉感受。

局、框架、空间等传达特有的建筑风格、历史文化、街区特色、情感表达、生活空间等。这些符号系统所表征的媒介空间，首先是一个生态环保的城市街区，是“体验型”“人文型”“循环型”的有机组合体，是“适应性”“生长性”“复合性”的机动灵活体；其次是24小时活力产业园区，生态、生产、生活形成“三生融合”，产业、创业、文化、社区形成“四位一体”；再次是一个富有活力的示范性文化创意和科技创新基地，办公、服务、社交、生活协同发展，事业、产业、商业、行业相互渗透；最后是一个聚集文化气息的城市生活空间，这里以工业文化遗产的保护利用为突破，将企业自主改造、旧城改造、“三供一业”改造、社区营造统筹策划，真正实现人、城、产的和谐发展，促进城市有机更新。所有的符号和符号系统都围绕核心定位进行布局和展示，既是自我功能实现的辅助系统，也是对外表达的视觉传达系统。

除了老旧工业建筑遗迹和以宣传为目的的视觉符号元素外，这里还有一种特别的商品，其符号意义非常明显——叁伍壹壹城市文化街区布局的以花市鱼市为目的性消费的独立业态。相对于以餐饮、商超、生鲜等生活用品为主的混合业态，逛花鸟市场首先是一种视觉享受，不论买或者不买，看一看都觉得赏心悦目，茶余饭后逛一逛也是不错的选择，所以花鸟作为视觉符号，辐射范围更广。从商业的角度讲，这一业态布局很好地扩大了叁伍壹壹城市文化街区的用户群体，不仅关注到了消费用户，还吸引了消遣用户，不仅辐射到了购物者，还影响到了逛街者。此外，由于西安城市发展规划变更，近年来拆迁了附近包括秦美、雁锦、朱雀等多个花鸟市场，使得这一业态的市场保有量减少，但周边商业性小区数量多，导致群众的需求不断增加，从而形成了一个区域性供不应求的局面。这一市场需求变化的大背景加上城市街区整体改造提升的小背景，为叁伍壹壹城市文化街区的花鸟市场布局提供了商业契机，同时也吸引了一大批优质商户入驻。

图 3－8　鱼市和花市成了亮丽的名片

有平台和商户就有生机，有需求和市场就有活力。一楼以售卖鱼和鲜花为主，红蓝相间的暗色环境自带复古滤镜，游动在迷幻的暗蓝色鱼缸的红色小鱼颇有一种赛博朋克的大片感，同时周围散发出热带地区的潮湿腥热，让人不知不觉成为“水中鱼”“戏中人”；从鱼到水母，从鱼缸到水景，这里的鱼品种齐全，各类设施完备，不管是走马观花还是细心观赏，总能找到让人心动的东西。除了这些灵动的鱼，还有各类鲜花出售，康乃馨、玫瑰、郁金香、紫罗兰、绣球花、尤加利、满天星……每一株都是花店的明星单品，每一束都是消费者心仪的商品。身处这样的环境似乎已经分不清彼此，花是符号，鱼是符号，自己是符号，身边的人也是符号，所有这些都被浪漫和幸福包裹，让人忍不住为这份甜蜜买单，由视觉导入商业诉求。二楼花市采用全玻璃结构，打造了一座透明花房，五颜六色的鲜花伴随着花香袭来，令人沉醉其中，这是久居都市的人们近距离接触自然的便捷方式。此外，当人们走进玻璃花房两侧的大小锯齿花房，一股工业风的复古怀旧气息扑面而来，厂房车间内岁月留下的痕迹清晰可见。老旧厂房独特的空间里引入大自然的鸟语花香可谓是一场独具特色的视觉盛宴，这种独特的搭配加上花卉本身的吸引力，吸引了不少前来打卡的市民。品种繁多、门类齐全、五颜六色、非常养眼，这些视觉符号叠加在一起营造了一个幸福浪漫的别样的物理空间和媒介空间，吸引了许多探店的网红、买花的顾客、打卡的小青年。叁伍壹壹城市文化街区以“小众”和“工业风”的形象，在社交媒介平台上一路火出圈；遛狗的老人、拍照的年轻人、雀跃的孩子、散步的情侣，在浪漫的花花世界里都成了映衬彼此的符号，伴随着沁人心脾的香气，仿佛空间里所有符号背后的美好都珍藏在这里。

图 3－9　标识标牌与微信表情包有效结合

因为由老旧工业遗迹改造而成的城市文创环境具有独特性，所以叁伍壹壹城市文化街区里的标识标牌也是别具特色，在功能性之外还有很多寓意表征的特质，在形式上呈现出很多与众不同的地方。在这里，标识标牌是一种艺术符号，是一种表现老旧工业文化传承与现代商业内涵的表现符号。这种视觉符号的象征性不仅在形式上使人了解所指的现实意义，更为重要的是能唤起人们的时代记忆，勾起人们对美好生活追求的欲望，形成情感的共鸣，最后在心理作用下情不自禁地完成消费行为，这是所有符号最终商业价值的体现，也是运营主体“真实意思”的表达。比如专属叁伍壹壹的IP“花先生和鱼小姐”的打造，将角色融入城市文化街区实体空间与导视系统之中，迅速受到年轻人的喜爱，成了很多人拍照打卡的网红店。同时以此为基础制作的微信表情包让社交功能从线下延伸至线上，让叁伍壹壹城市文化街区专属的视觉符号从实体空间走向了网络空间，并通过巨大流量池中的用户传播和网红效应深入受众和用户心里，从而实现叁伍壹壹品牌一炮打响的目的。从这个角度讲，这条超级文化符号的营销之路是成功的，这个IP化的标识标牌导视系统是成功的。

此外，叁伍壹壹城市文化街区的彩绘也是独具特色的文化符号，例如门口显眼的位置摆放着大幅由简单的线条勾勒的工人生产场景图（图3－10），画面简洁通过线条完美地再现了当年工人们齐心协力的工作场景，人物的着装、表情、神态以及工作过程中精益求精的姿态都体现得淋漓尽致，很显然这是一幅以历史照片为原型的二次创作，是来源于工业生产场景的艺术表现手法。其次，通过黑白色彩的对比表现了历史厚重感，与周围现代化的彩色表现形式形成了鲜明的对比，让人一眼望去就能感受到黑白色带来的视觉冲击，同时通过黑白色系的隐喻表征更能激发人们的情感和记忆，无论是曾经的黑白照片，还是以前的黑白电影都是这个道理。

叁伍壹壹城市文化街区流光溢彩空间里的一抹黑白色符号更是具有画龙点

睛的作用。通过这一别具特色的视觉符号给人们营造了一种先入为主的视觉反差，让人们带着这个差异化的感觉深入其中，感受五光十色、声光电俱全、大小屏充斥的叁伍壹壹城市文化街区。人们走在街区里只要看见相关的历史遗迹，黑白色系所承载的老旧工业历史记忆会时不时地在内心深处刺激一下，这种刺激的行为是偏感性的，偏感性的行为相对而言更容易被引导，因此实现刺激消费的可能性比较大。综上所述，可以说摆放在门口显要位置的这幅黑白简易线条画是叁伍壹壹城市文化街区所有承载历史记忆符号系统的统领性符号，是这一套视觉符号系统的灵魂所在，在艺术呈现、意义表征、情感表达上起到了提纲挈领的作用。

图 3－10　设置在门口的黑白简易画再现了昔日的生产景象

在叁伍壹壹城市文化街区里，视觉符号无处不在，其表现形式就是那些形式多样、色彩丰富的设计元素。但不管怎么样，视觉符号的意义和设计、传达规律与表现方法必须使用恰当才能算得上理想的艺术表现形式。叁伍壹壹城市文化街区位于民洁路主入口处的这套视觉符号通过简单的文图组合，向人们传递着生活哲学。一句会心的话语，一个有趣的符号，这种寓教于乐的方式相对容易被人们接受，而且寓教于乐的方式更加引人深思。例如主入口的这套以文字为核心元素的视觉符号呈现的是“享受美食，也享受运动”“保持好奇心，保持热情”“肯定别人的付出，接受别人的善意”……这些看似简单的文字组合置于不同的场合却有不同的意义。在这个特殊的媒介空间里，这些耳熟能详的话语配上有意思的表情包，构成了叁伍壹壹城市文化街区的“美好社区十条公约”，传递着“好生活、好日子”的街区理念。

当然，这里也有需要提升的空间，例如这些理念性的表达用漫画表现似乎会比文字更生动，当然还可以通过手绘长图的形式进行故事化讲述，也可以用视频的形式进行情景化再现，毕竟讲故事比单纯地讲道理更容易让人们接受，更何况这里是一个有故事的地方，那幅黑白的简易画就是很好的例证。

三、“叁伍壹壹”的听觉符号

在人们的感觉通道中，听觉是仅次于视觉的感觉通道，但有些时候听觉信息比视觉信息更加重要，因为视觉信息必须要在眼睛能看到的视线范围内，而听觉信息对空间的限制相对宽泛，只要是在一定的立体空间内都有可能接收到声音信息，有很多信息在视觉系统接收到之前就已经被听觉系统所接收。当然这种纯物理层面的认知正在逐渐改变，全景摄像头改变着视觉认知，声音传导系统改变着听觉认知。叁伍壹壹城市文化街区里的听觉符号是综合性的呈现，在多媒体技术的系统作用下“听”得更丰富。例如，人们从停车场出来一进入叁伍壹壹城市文化街区就能清晰地听到叽叽喳喳的鸟叫声，让身处闹市中的城市商业街区别有一番田园风味，也形成了这里特有的听觉语言符号。但仅仅依靠鸟叫这种单一的听觉符号无法实现信息的多维传输与意义的系统化表征，更无法建构完全意义上的听觉空间。这里所说的听觉空间概念应该说是一种广义上的“媒介空间”。

这个“媒介空间”是麦克卢汉提出的。他注意到无线电通信技术把地球人带入了一个共同的场域——“地球村”，在这个“重新部落化”的巨大村庄里，人们像过去的村民一样能够“听”到相互之间的动静。① 这种定义给生理学的“听觉”赋予了媒介功能和符号意义，让通过耳朵“听”成了使用媒介时最主要的形式，是人们感知外部环境的主要途径之一。但随着媒介融合的持续推进，移动互联网技术的不断升级，以手机为代表的智能终端的日益普及，传统意义上的“听觉符号”的外沿被无限拓展了，人们“听”信息所面临的外部环境和“听”这种行为的内在习惯发生变化。因此，要形成独具特色的听觉语言符号，必须满足人们在新媒体“听域”下的听觉需求。

一是听觉符号的识别性要强，这里主要说的是传播效果。如同追求视觉冲击力一样，必须能在短时间内吸引人们的注意力，就好比消防车、救护车、警车的警笛声，在众多声音符号中“一声惊天下”。这一点在叁伍壹壹城市文化街区虽然很重要，但是目前呈现的并不突出，而且特色也不明显，没有形成独具特色的听觉识别系统。试想一下，如果不考虑城市噪声和军号使用规范等因素，可以采用以前老厂子的“大喇叭”模式，还原军工厂最有标志性的声音系统：每天的工作在军号声中开始，然后播放当天的新闻信息，穿插叁伍壹壹城市文化街区里有意义、有意思的逸闻趣事，还可以播放一些广告信息、打折信息、开业信息、活动信息等。无论是播放内容还是播音声调、音律、语速，完全可以照搬这种模式，中午、下班依然可以复制相似的表现手法，当然也可以播放一些富有时代特色的经典老歌，最后每天的工作于熄灯

---

① 埃里克·麦克卢汉，弗兰克·秦格龙.麦克卢汉精粹［M］.何道宽，译.南京：南京大学出版社，2000（10）：364－368.

号声中结束。以军号声为听觉符号的引子，通过“大喇叭”广播的形式再现三五一一厂特有的工业文化，让这种独具时代感的听觉符号系统如同视觉符号里的老旧工业遗迹一样成为叁伍壹壹城市文化街区的特色、品牌、标志。

二是听觉符号的可听性要强，这里主要说的是传播内容。虽然“大喇叭”的形式理论上符合叁伍壹壹城市文化街区的特质，但形式再好都是绿叶，播放什么内容才是红花。叁伍壹壹城市文化街区里有别人有的，但更多的是别人没有的。前文所说的视觉符号也罢，这里所讲的听觉符号也罢，其核心是展示别人没有的，叁伍壹壹城市文化街区出口处的巨幅文化展示墙上记录了很多三五一一厂老员工的先进事迹——1946 年进厂劳模挡车工郭秀华讲述了中华人民共和国成立前在老厂当童工的艰苦岁月：“从河南逃荒来到西安的，住茅草房、睡土炕、吃着马尿味的馍。”1949 年进厂的织毛巾工人王荣讲述了当时生产生活场景：“我们光知道干活、玩、吃饭、干活，大年三十晚上还在车间干活，厂长都撵不走，那时候人们的思想可单纯了。”1952 年进厂的剃头匠许武学讲述了自己的不幸经历：“父亲死了，一家人就散了，想着穷人家的孩子学个剃头就能有饭吃，也正是这门手艺和这个厂子养活了自己。”1971 年进厂的播音员董秀菊讲述自己在三五一一厂工作生活的经历：“不满 17 岁跟随父母从 601 厂来到 606 厂（三五一一厂的前身），普通话比较好成为厂区播音员，而被很多人所熟悉。不过因为工作上属于三班倒，孩子也过三班倒的生活，放到现在是不可思议的。”1979 年进厂的染色工人曹建国是“厂二代”，从小就在厂里长大，后来又到厂里工作，小时候没有一个房子的瓦片没揭过，小时候最爱干的事情就是打架，在外面打完架拼了命往回跑，只要一跑进厂就安全了，因为军工厂的门卫是军人，外面的孩子一看见都害怕……这些鲜活的文字不仅讲述了个体的昔日往事，也是工业历史和工厂生活的昔日盛景，同时还是工业时代的历史印记与文化积淀。遗憾的是目前叁伍壹壹城市文化街区里呈现的长篇文字很多时候无法引起人们的注意，即便注意到也很少有人会仔细阅读，没有阅读就很难唤起人们的记忆、激发人们的情感。要是能将这些文字梳理成一个又一个音频故事和视频故事，在这个特殊的城市空间里运用特殊的呈现方式传递给听众、观众，肯定别有一番风味。不论是对富有时代记忆内容本身的传播来讲，还是对受众听到信息后情感记忆的共鸣来讲，还是对叁伍壹壹城市文化街区听觉语言符号系统的建构来讲，都非常有意义、价值和特色。同时这些故事对新时代的年轻人来说既新奇又新颖，不仅能了解老厂子的时代背景、历史文化、生产生活、精神风貌，还能潜移默化地起到一些教育意义，毕竟军工文化、厂区文化有很多精神值得传承。

三是听觉符号的现场感要强，因为声音在感觉上充满活力，能让人产生身临其境的感觉，音乐的神奇之处就在这里。视觉符号更多是单一的信息传播，注重传播者对受传者的单向作用。听觉符号相对而言现场感较强，除了聆听信息资讯、感人故事、消费信息，还能感受历史传承、工业文明、商业文化，还可以跟随音乐的节奏哼上几句，很容易被声音带入特定的听觉语境中，既是一种参与，也是一种释放。当然这种代入感是全方位、多维度的，前文所说的军号、大喇叭以及工人们鲜活的故事都具有这种功能。此外，听觉还能让人们感知一些看不见的事情，例如话语、语调、音乐节奏等带来的不同的心理感受，都能在人们的内心产生某种情愫，那种在封闭环境里的现场音乐会更不用说，是激发现场感最直接有效的办法。叁伍壹壹城市文化街区所表达的城市记忆和工业文化等相对抽象的东西通过音乐也能很好地释放。除了老厂区、老街区、老物件等静态的视觉文化符号外，不乏动感十足的潮流载体，其中摇滚乐就是典型。这种音乐已经从青年亚文化的起点进入青年潮流文化的核心，也承载着一代又一代人的记忆。叁伍壹壹·花花大会重点引入这一富有时代特色的听觉符号——首部西安摇滚纪录片重拾青春记忆，犹如轻柔海风的爵士人声 Nikki 四重奏，捕捉自然、用音乐疗愈的萨哆乐团，以及够燃够炸、以至于让人情不自禁跳舞的 DJ BENNY。三种不同的风格与旋律，不管是传统派、文艺派，还是享乐派都能找到适合自己的兴奋点，更是派对不可或缺的能量剂。音乐混合着城市夜晚的气息，这是一片集文化艺术与时尚生活于一体的新天地，一片工厂文化与都市生活融合的新天地，活动当天就吸引了超 10000 + 人次的参与。不仅如此，怀旧的露天电影也拓展了公共文化生活的魅力，让听觉符号与视觉符号共同呈现。

除了上面三个特点之外，叁伍壹壹城市文化街区里的听觉语言符号还有一个独一无二的显著特点——原生态，花鸟市场的鸟叫声、早市的叫卖声、夜市的嘈杂声，都属于原生态的听觉语言符号。一般而言，听觉信息通过虚拟和真实的声音对用户体验产生非恒定的影响，其内在机制与用户的注意力、记忆、情绪、情感以及决策、反馈等因素有关，其中真实的声音信息对用户体验的影响主要体现在声场、沉浸感两个方面。① 身处闹市，闹中取静，叽叽喳喳的鸟叫声所形成的声场能给人们带来不同的体验，这种原生态的声音无法像物体或物理空间那样清楚地辨别其边界，也不像视觉符号那样向人们展示一个具象空间，而是向人们展示了一个没有边界的抽象空间。在这个由原生态听觉符号建构的媒介空间里，很容易激发人们的现场感，勾起内心深处对大自然的向往，鸟叫声夹杂着流水声让人有一种身临其境的感觉。此外，叁伍壹壹城市文化街区地处民洁路，这里的早市由来已久，是很多上了年纪的人非常熟悉的场景之一。商贩的叫卖声此起彼伏，客商的讨价还价声升腾跌宕。虽然这与叁伍壹壹城市文化街区本身没有必然联系，但是叁伍壹壹城市文化街区处

---

① 喻国明，付佳. 听觉信息在媒介用户体验中的影响力研究维度 [J]. 新闻与传播评论，2021，(1)：5 - 12.

在这种原生态声音的烘托中，这种声音对它的影响是潜移默化的。毕竟声音与视觉不同，视觉要求人们必须临场才能看到，才能被影响，但是声音是无形的，无孔不入的。无论你身在街区还是早市都能清晰地听到，这种原生态的声音包裹着人们的听觉系统。这种沉浸于城市烟火气息中的听觉感受与听音乐、听广告、听信息等单一频率的信息感知方式完全不同，人们体验的现场感、显著感、共鸣感比较强烈。声音符号的原生态特质及沉浸式感受很容易建构起一个特定的听觉空间，而叁伍壹壹城市文化街区成了这个特定空间的子系统。但随着早市的结束，吆喝声褪去，这个特定的听觉空间就会逐渐消去。叁伍壹壹城市文化街区所有的听觉符号又形成了独立的听觉空间，彼此之间形成了一种此消彼长的对立统一关系，而且在周而复始地重复着这种关系。此外，这里的另一种原生态的听觉符号就是夜市的嘈杂声。由于老旧厂区特殊的空间建构和文化生活，虽然已经被改造成了现代化的城市文化街区，但是类似“路边摊”的生活方式还有所保留。每当夜色来临、华灯初上之时，夜市就开始了，吵闹声、吆喝声、划拳声等轮番上阵，各种嘈杂声在改造后的老厂房底层空间萦绕。在这个相对封闭且声音不易扩散的空间里，嘈杂声很容易形成一种特殊的听觉空间。这个听觉空间成为叁伍壹壹城市文化街区整体听觉空间的一部分，不论两者之间是否有效融合，还是相互排斥，都是作为真实的存在呈现在这个特定的物理空间和媒介空间里。但是随着夜市的结束，叁伍壹壹又恢复了它原有的听觉空间，这种转化与早市有异曲同工之妙。从早市所建构的听觉空间里开始，在夜市所建构的听觉空间里结束，这种空间角色的转化形成了叁伍壹壹城市文化街区独特的听觉符号系统。不过这种独特之处如何高效地运用到叁伍壹壹城市文化街区的听觉语言符号特色建构中，还有待进一步研究。

四、“叁伍壹壹”的知觉符号

视觉和听觉属于感性认知，是通过一系列媒介符号的直接刺激，而知觉属于理性认知，是将感性认知进行转化形成心理认知的过程。知觉符号不是客观的符号，也不是心理表象，而是以知觉为基础的神经表征，是直接作用于感觉器官的客观物体在人脑中的反映。知觉本身属于心理学概念，对客观事物个别属性的认识是感觉，对同一事物各种感觉的结合形成了对这一物体的整体认识，也就形成了对这一物体的知觉。在这个过程中，感觉运动区域中的神经系统从外界环境和自身知觉中获取信息。知觉符号就是对知觉引起神经冲动的一次记录。简而言之，就是将人们看到的、听到的传递给大脑中枢，最后经过大脑分析形成自我感知。

叁伍壹壹城市文化街区作为独特的城市空间、媒介空间、符号空间，通过知觉符号将深入其中的用户的直观感觉转化为理性认知，是自我功能实现的理想路径，是商业价值实现的关键因素。毕竟人们从观赏行为向消费行为的转变是由感性认知向理性认知转变的过程，是由感觉向知觉过渡的过程。而叁伍壹壹城市文化街区建构的物理空间正好提供了这样一个认知转变的媒介空间：70多年的工业历史背景和联排式老旧厂房表现了独一无二的特性；低密度钢架结构商业体和足够广阔的公共区域彰显了无可比拟的个性。在这里，每一个知觉符号表征的自由度可以被放大；在这里，每一个空间通过独特的设计与规划可以在人们脑海中形成富有历史感的画面。这些独特的媒介符号与历史画面具有一种认知属性。对这些媒介符号本身及符号所表征的一系列文化内涵进行组织并解释，就是梳理叁伍壹壹城市文化街区历史文化的过程，从而形成人们对叁伍壹壹城市文化街区的整体理性认知。

虽然知觉是抽象的心理认知活动，但是知觉是经过一系列具象视觉符号、听觉符号、味觉符号、触觉符号、嗅觉符号等刺激人的感知器官经过神经系统反馈而形成。在叁伍壹壹城市文化街区里，独特的城市空间通过对建筑物的距离、形状、大小、方位、布局等空间特性的有效设计形成了独具特色的空间知觉。70多年前苏联建筑师设计的包豪斯建筑虽然很好地满足了当年毛巾生产线厂房建设的需求，但后工业时代的三五一一厂在改造提升过程中将10米高的空间适当加建分成两层，被隔出来的上层空间具有斜屋顶。这种别具一格的空间对于设计而言既是优势也是挑战，可以将人们的直观感受转化为心理认知。

例如，叁伍壹壹城市文化街区里的Jackpot777酒吧就很好地建构了属于自己的空间知觉：首先将入口立面拆分为上下两部分，上半部分的三角形区域开了一扇三角形窗，下半部分的长方形区域是门窗的有机组合，不锈钢包边的两个几何形窗户和不锈钢门使入口的外立面显得硬朗而有型，超大的长方形窗户向室内外延伸了一段距离，延伸出来的部分设置了一些黑色皮椅座位，再加上超大窗户的设计，使得室内外的空间更加连贯、通透，消解了室内外的分隔感。其次采用大角度的斜屋顶制造了室内空间极大的高低差，其中低矮的小空间能使人感到被包裹的安全感，于是酒吧在空间低矮处设置客座区，将吧台放置在室内空间的最高区域。高吧台的高度也有尺度的考量，参考美式鸡尾酒吧的高度，让喝酒的人在站与坐之间自由转换，根据个人喜好和喝酒时的气氛提供多重选择。空间的最内侧放置了两张方桌，因为相比圆桌，方桌更容易拼在一起，便于多人聚会，也更有昔日“工业风”的味道，也正是考虑到“工业风”的特点特意减少了音响喇叭，因为“喊话”也是工厂聚会的标识。

此外，不锈钢材质在室内外被大量使用，一方面与整个空间呈现的“工业灰”色调相呼应，另一方面能起到反射灯光的作用，使得造型各异的灯光在狭小的空间多重复制，增添了视觉的丰富性。在这种独特的情景空间和环境氛围里，所见、所闻、所感都会集约成某种空间知觉传递到人们的神经系统，也很容易让“工业风”借助酒精的催化作用深入人心，当然这仅仅是一种理想状态。

综上所述，空间知觉环境的营造一方面要注意视觉和听觉的感知性、选择性和辨别性，同时也要注意用户的兴趣、爱好、动机、态度、情绪等心理特点，最终要实现的目标就是所呈现的知觉符号要符合用户的心理需求。Jackpot777 酒吧的这种设计就是要营造出社交氛围。人们在这个空间消除界限，以咖啡、酒、音乐为介质，敞开心扉尽情享受，这种场景在老厂区的生活中经常出现；在 77 平方米的空间知觉感受中，Jackpot777 不仅是人们交流沟通的场所，也是有着共同记忆的人们回味美好工厂生活场景的特殊空间，更是现代城市居民释放压抑情绪的窗口。

前面说的是叁伍壹壹城市文化街区的空间氛围营造和知觉空间建构，是一种需要感觉和体会才能触及内心深处的符号，只有将感知到的符号经过大脑处理才能形成有效信息，相对而言理解起来比较抽象，通过剖析 Jackpot777 的个案能够让抽象概念相对具象化。不过在叁伍壹壹城市文化街区还有很多比较具象的直觉符号，味觉就是其中之一，味道是一种符号，是记忆中的标识，让美味在知觉空间里回荡会产生别样的效果。阿记烧烤、大刀涮肉、刘信泡馍、悠麦精酿……这些看得见、闻得着、吃着香的食物都有其相应的味觉记号。陕拾叁、孙天才牛肉油糊馅、浆木咖啡，一个主打中式糕点的新吃法；一个自带港式范儿，用揉、擀、拽、卷等最原始的工艺呈现西北的独特美食；另一个是以“木浆”为原料制作外带纸杯，落实简约与环保的咖啡馆，既讲究小资生活，又不乏小清新。阿记烧烤专门为这家城市旗舰店打造极具“工业风”的用餐场景，与周边颇为火爆的夜市一较高下。

从洒金桥走出的刘信牛肉羊小炒泡馍更是在叁伍壹壹城市文化街区诠释了空间赋能餐饮的可能性。门头的小清新配色与人们长此以往形成的刻板印象形成鲜明的对比，沙土色和绿色作为餐厅的主视觉色，这种清真餐厅常用的伊斯兰配色贯穿始终，墙、顶、地一体的沙土色营造出沙漠的柔软感，绿色植物既点缀了空间主色系，又起到隔断作用，砂岩雕刻的窗户搭配伊斯兰特有的花纹，强化了中东异域特色。店面前后出入口立面的长方形大窗户使室外的路人将室内的人头攒动一览无遗，增加了室内空间熙攘拥挤的烟火气，四方桌的使用不仅提升了空间利用率，而且人们坐下后形成的错落有序的排列使空间层次更丰富。明档厨房使得面食的香气和钢勺铁锅的碰撞声被无限放大，视觉、嗅觉和听觉在味觉到来前已被打开。厨房内墙面贴着绿色渐变的的手工马赛克砖，清爽宜人且能增进食欲。特别是单人吧台就餐区的设计让一个人吃泡馍也不寂寞。面对明档内厨师忙碌的身影，人与人的连接在一顿饭的时间便产生了。此外，人们在就餐的同时还能感受到环境带来的舒适感，通过这种巧妙设计，“民族风”“工业风”“时尚风”融为一体。见鹿日式火锅不仅给人们带来美好的味觉体验，还讲述了一个浪漫的故事：在日本奈良有一群可爱的鹿，每年都有成千上万的人与鹿零距离接触交流。它们不再是胆小的动物，肆意生长，同时与人为善。它们象征着神的使者，代表着世间的美好。品牌致力于给每一种美食倾注精致、美味和浪漫。而这一品牌理念和叁伍壹壹城市文化街区传递的“社区，因你更美好”的理念完美契合。这里开放包容、兼收并蓄、博采众长、拥抱世界，希望每一位客人都能在这里收获最简单、最纯粹的快乐。

通过上面的分析不难发现，知觉对人们的重要性一目了然，知觉对商业综合体的重要性更是不言而喻的，知觉对消费行为的产生有内化驱动作用，知觉为商业价值的实现拓宽了无限的感知维度。不论是视觉符号，还是听觉符号，作为商业主体的叁伍壹壹城市文化街区想要培养人们在这里消费的习惯性和忠诚度，必须依靠一系列知觉符号引导消费者的心理变化。首先，认识过程是消费者心理过程的第一阶段，是消费者其他心理活动的基础，没有认识就不会有感觉，没有感觉一切皆空。当然人们的认识过程主要是靠视觉、听觉、味觉、触觉以及注意力、影响力、传播力、公信力等来实现的。叁伍壹壹城市文化街区呈现在人们面前的城市空间和符号媒介就是满足人们的认识需求，希望通过一系列别具特色的建筑符号、媒介符号、宣传符号、文化符号、情感符号引起人们的关注，所谓的知名度就是这方面的典型性代表。其次，情感过程是消费者心理过程的第二阶段，消费者完成了认识过程，并不等于必然会产生消费行为，见过的和听到的多了，但是真正愿意为其消费的也就那么几个，即便如此在一些情况下还得进行甄别：这个东西是不是符合心理预期，能不能获得需求的满足。

叁伍壹壹城市文化街区要着力解决的就是这方面的问题：让老旧工业遗迹焕发新生，激发人们对其特有的情感共鸣。让城市文化街区提供多方位的购物体验，弥补城市商业综合体单一的购买体验边际效用递减的劣势，给现代都市居民一种别样的生活消遣体验。通过一系列知觉符号促使消费者产生积极的态度，这种态度的转变也是消费者情感变化的过程，所谓的追求美誉度就是出于这方面的考虑。最后，付费购买才是消费者心理过程的最终阶段，当然从喜欢到付钱购买还得进行一系列心理活动，在这个过程中不仅要通过感知、记忆、思维、分辨等活动来认识商品，还要对所认识的商品有一定的购买意愿，最后还要依赖于意志过程来确定购买目的和完成购买行为。叁伍壹壹城市文化街区的商业属性最终体现在消费者的购买上，从这一点上讲，视觉符号和听觉符号都注重的是过程，而知觉符号注重的是结果，当然没有过程的营造就不可能有结果，没有视觉和听觉的影响，就不可能有知觉的产生。

综上所述，知觉符号贯穿于整个心理变化的过程中，可以分解为觉察、分辨和确认的过程。觉察就是认识的过程，人们来到叁伍壹壹城市文化街区肯定能感受到各种符号的存在。但是符号所表征的媒介属性与文化内涵并不一定都能分辨清楚，因此察觉到的信息仅仅是一个表象，是媒介知觉的起点。因此要想驱动人们心理变化和意识产生，还必须进行细致地分辨，厘清叁伍壹壹城市文化街区的独立性、独特性，扬长避短，凸显军工企业的历史背景与现代城市街区的功能属性，让这些“人无我有、人有我优”的东西成为容易被大家记住的符号。毕竟在万物皆媒的时代，让人记住不是一件容易的事情。不过人们总是习惯于以少数对自己有重要意义的刺激物作为认知和感知的对象，简而言之就是对自己有强烈刺激作用的东西产生浓厚的兴趣。就商业价值实现而言，至此算是完成了消费者心理变化的前两个过程，最后一个过程应该是消费行为的确认，用专业化的定义来说就是指人们利用已有的经验和当前获得的信息确定知觉的对象是什么，并把它纳入一定的范畴。换句话来说，就是媒介知觉上经常说的影响了人们认识、思考以及习惯。置于叁伍壹壹城市文化街区而言，就是通过知觉符号“影响了消费者的认知、感觉、行为、情感、喜好、习惯”，就是完成了从心理变化到消费行为的确认过程和消费习惯的养成过程。

五、小　结

不存在离开媒介的符号，也不存在离开符号的媒介。符号是媒介存在的前提，是信息传播的载体。信息是以符号为中介的。叁伍壹壹城市文化街区跨时空传播是拥有不同时代背景、生活阅历、消费需求的人们之间进行的文化交流和消费体验。老旧厂区、废弃建筑以及工业遗迹经过改造提升后形成的昔日工业文明与现代商业文明相结合的多元文化传播是人们之间进行的信息共享。无论是文化交流还是信息共享都是以符号为载体，所以说符号不仅成功地延续了工业文化，而且还在不断地重构着现代商业文化。看得见的视觉符号、听得见的听觉符号、感受到的知觉符号、品尝到的味觉符号等，都是建构叁伍壹壹城市文化空间媒介空间的重要元素，抑或是以单一的符号系统存在，抑或是以有机组合的符号系统存在，彼此之间可能是正相关，也可能是负相关，但无论如何都在这个特殊的城市文化街区媒介空间建构中发挥着自己的作用。例如前文中提到的视觉符号，简而言之就是某种承载运营主体意念的装饰元素，可能是具象的，也有可能是抽象的，但都是某种意义的表达，与传播主体的意图直接关联，与目标客户的喜好直接关联，与传播技术的应用直接关联，与传播效果的实现直接关联，此外还与外在的社会环境、城市环境、文化环境等直接关联。在这些关联中经过传播主体的有意引导和受众认知的日趋相似，一些视觉符号就会被约定俗成地理解为代表某种“共同意义”的符号，借助这些符号能够相对容易地传承工业文明，让嫁接在工业文化基础上的现代商业文化枝繁叶茂。对于身处这一特殊城市文化街区里的受众和用户来说，符号在一定程度上增加了城市空间的情趣与媒介空间的特质，把叁伍壹壹城市文化街区的与众不同直接呈现在人们的视野内。此外，任何视觉符号在叁伍壹壹城市文化街区这个特殊媒介空间里都能反映受众的心理，这种心理因素是视觉符号对受众情感的进一步触动，是影响受众消费行为的关键环节。当然，听觉符号、知觉符号、味觉符号都有类似影响受众和用户感知、认知、行为及习惯的作用。

第三节　“叁伍壹壹”媒介形态的有机组合

媒介形态即媒介的呈现状态，包括媒介的外部形态和内部形态。外部形态就是人们常说的报纸、广播、电视、互联网、手机等，内部形态主要指作为内部结构的传播符号、生存依据、媒介的传播方式等，还包括受众接受媒介信息的形式和途径以及由此展示的媒介功能与特征等。媒介形态分为以媒介符号、外在形式以及传播介质等为代表的可视形态和以内部结构以及媒介各部分之间关系等为代表的潜在形态。虽然媒介形态分为两类，但彼此之间很难有一个明显的界定，特别是随着媒介技术的发展，媒介形态的外延得到了无限拓展，视觉传播、听觉传播、智能传播、数字传播、视听混合传播、互动式传播、情景体验式传播等不断推陈出新，媒介融合成了传媒领域时髦的概念，作为媒介空间的叁伍壹壹城市文化街区对媒介形态的运用自然也不在话下。

一、媒介形态的城市文化街区赋义

在当前多元化媒介形态共存的大背景下，在当前全媒体融合发展的大趋势下，叁伍壹壹城市文化街区作为媒介空间，无论是以老旧建筑遗迹为代表的物质符号，还是以工业文明传承为代表的文化符号，抑或是以现代商业综合体为代表的时尚符号，还是以人们的服饰、语言、表情、动作为代表的生活符号，在这里都不是独立的个体，也不是单独的存在，当然也不是符号简单地叠加，而是相互作用、互为依靠、彼此转换的有机统一体，是一个系统化的存在。换句话说，叁伍壹壹城市文化街区是一个有机统一的媒介系统，可以说是媒介融合运用的现代商业性样本。需要强调的是媒介形态的“运用”，而非内容生产、渠道发布、交流互动、效果反馈、二次发酵、多次传播等领域的“媒介融合”。毕竟叁伍壹壹城市文化街区是商业综合体，不是政府的权威信息发布机构，不是新闻媒体传播机构，也不是市场化的自媒介机构，只需要对这些媒介形态进行综合“运用”达到“广而告之”的目的，实现信息送达、用户心理满足、消费行为促成的效果。因此，本文对媒介形态的分析也是从这个层面着手，赋予其城市文化街区的内涵和外延，从这个角度出发看叁伍壹壹城市文化街区作为媒介空间的属性。首先这里有独特的媒介生态系统， 在70多年的工业化道路上沉淀了富有历史感的媒介记忆， 在老厂区、老街区、 老社区的改造提升过程中建构的独特的媒介空间里， 原始院落、 参天大树、 老旧厂房、 建筑遗存、 生锈锅炉、 散落的机器零部件、 三五一一厂生产的毛巾展厅等媒介符号， 经过商业化的改造提升与钢架结构城市空间建构、 透明屋顶建筑造型设计、 转角公共空间布局、 花市鸟市生活场景营造、网红打卡时尚元素引入以及民洁路早市城市烟火气息融合， 构成了一个具有现代生活方式且能实现动态平衡的有机整体， 在这个城市媒介空间的有机系统中， 潜在的媒介形态是各个媒介符号相互转化且动态变化的过程。

例如， 声光电等现代媒介形态与废弃机器、 老旧锅炉、 建筑遗迹之间是一个信息交换和情感补位的动态化传播过程。 这些信息通过自我调节、 适应、组织和更新机制达到动态平衡， 最终维持叁伍壹壹媒介生态的高效运行， 实现内化驱动外化效能的理想传播效果。 其中可视形态是一个多元的、 开放的、变化的媒介运行系统， 同时还要适应城市更新的理念要求， 适应西安城市规划的政策要求， 顺应现代城市街区发展变化的历史潮流， 借助现代传播科技手段实现信息的立体化呈现。 例如微信公众号、 微信视频号、 头条号等自媒体平台的建设， 小红书、 美团、 大众点评等其他媒体平台的投放， 以及传统意义上的媒介内容建构、 街区品牌建构、 共同文化建构等都属于媒介生态系统的重要组成部分， 也是现代媒介手段经过融合建构起多元媒介形态的综合体现， 也是叁伍壹壹城市文化街区媒介形态有机组合的必然要求。

在媒介信息高度发展的时代下， 在媒介技术日新月异的背景下， 就目前存在的媒介形态或媒介系统而言， 在叁伍壹壹城市文化街区 “只有想不到的，没有做不到的” 背景下， 在资本和利益的驱动下， 一切有利于商业宣传的媒介都会在这里崭露头角， 而且经常是以组合拳的形式出现， 也就是大家常说的 “全程媒体、 全息媒体、 全员媒体、 全效媒体” 布局。 如果要对这些媒介形态进行一个梳理， 可以引入美国传播学者 A·哈特的理论， 尽管媒介环境发生了翻天覆地的变化，媒介本身的内涵和外延已今非昔比，但是作为基础理论还是有很多相同的地方。A·哈特把有史以来的传播媒介分为三类：1.示现的媒介系统，即面对面传递信息的媒介。如口语和表情、动作、眼神等非语言符号，是由人体感官或器官本身来执行功能的媒介系统，传播者和接收者都不需使用机器。2.再现的媒介系统，包括绘画、文字、印刷和摄影等。传播者需借助机器再现传播的内容，受众只需要通过感官就可以获得再现的信息。3.机器的媒介系统，包括电信、电话、唱片、电影、广播、电视、计算机通信等。传播者和接受者需借助机器，① 前者需要借助机器完成编码后再进行信息传输，后者需要借助机器实现解码后再进行信息获取。理论联系实际，不管是原生态传播手段下的“示现媒介”，还是部分依靠机器传播的“再现媒介”，抑或是完全依靠机器的“机器媒介”，在叁伍壹壹城市文化街区都能找到现实样本。其实不仅是叁伍壹壹城市文化街区，任何城市商业综合体都是三种媒体类型的有机统一体，只是这里别具特色而已。而这种别具特色的传播形态在全媒体技术的驱动下形成了叁伍壹壹媒介生态系统独有的信息传播体系。例如，以老旧厂房、建筑遗迹、废旧机器等为代表的“示现的媒介系统”就是原生态的、物理性的、可视性的媒介符号，这种面对面的信息传输系统在城市商业综合体建构的特定媒介空间里的“示现”特征更加明显，不仅“示现”媒介本身的符号意义，还“示现”符号背后的文化、记忆、感知。以图文、海报、标识标牌为载体的再现媒介系统在叁伍壹壹城市文化街区也是随处可见，线上的、线下的，实体的、虚拟的、可视的、可感的，这些符号所承载的信息以及相应的信息传播过程就是一个“再现”表征过程，只是这种“再现”在微信、微博、今日头条、小红书、美团、大众点评等

① 陈翔. 论媒介系统与身体之关系——基于A·哈特的“媒介系统论”[J]. 西南民族大学学报（人文社会科学版），2012，33（09）：159－162.

公域流量平台的加持下，传播形态与传播边界出现了巨大突破。就当下的信息社会而言，所谓的“机器媒介系统”应该说遍地开花，以媒介技术为核心的“机器”已经成为信息传播的重要组成部分，在很多时候甚至比信息本身还重要。手机就是最典型的代表，不仅是信息社会的核心社交工具，也是人们生活方式的重要组成部分。叁伍壹壹城市文化街区作为一个有历史、讲文化、重宣传、求实效的城市商业综合体，即便有很多符号意义非常强的物质传播载体，也必须搭上以智能手机为代表的信息化高速列车，在人们的“手掌中”寻求信息的有效传播，在人们的“手指滑动中”追求自我价值的实现。

任何一种传播符号和传播媒介都不可能独立存在，任何一种媒介技术、形态以及传播方式都是相互依存的有机整体。从依靠实物传播的“示现”符号，到依靠图文传播的“再现”符号，再到依靠现代信息技术传播的“四全媒体”，叁伍壹壹城市文化街区与信息传播的关系表现为一个特殊的媒介系统，进而衍生出特有的媒介特质，也演绎出了独有的媒介文化。这个媒介场域又与历史的、现在的、未来的社会大环境密不可分，是政治环境、经济环境、城市环境以及媒介环境等在叁伍壹壹城市文化街区的集中体现。从政治环境角度讲，叁伍壹壹媒介生态系统是军工企业转型升级后现存历史建筑遗迹符号建构的物质媒介空间，没有军工背景就不可能有最基础的物理空间，也不会有典型的视觉呈现系统，更不会有工业文明传承，自然也不会有基础的媒介形态。从经济环境角度讲，没有市场经济对军工企业的催化作用，三五一一厂可能不会退出历史舞台，就不会成为叁伍壹壹城市文化街区，没有现代城市商业综合体的发展就不会有老旧厂区的改造提升，以此为基础的现代商业模式和商业逻辑也就不复存在，为这种商业价值实现摇旗呐喊的媒介形态自然不会凭空出现，所谓的“示现”“再现”“机器”媒介或者说视觉符号、听觉符号、知觉符号都是“空想媒介”而已。从城市环境角度来讲，城市更新概念的提出和相关政策的落地成就了叁伍壹壹城市文化街区。如果没有这个政策性概念的引入和相关城市规划领域的具体执行，三五一一厂可能会被规划成现代化商业地产，所谓的媒介空间、媒介符号、媒介形态肯定另有一番说法，也必将是不同的传播生态和传播逻辑。

不同于传统意义上的媒介主体，这里的内容生产者同样受到了历史的、现在的、未来的社会大环境的影响，受到传播主体时代变迁和传播形式对外呈现形式变迁的影响。因为叁伍壹壹城市文化街区既是媒介空间，还是所有传播活动的发起者和传播内容的生产者，是位于传播过程中起始点的个人、组织以及社会混合体，也是传播行为的动态实施者，还是传播效果的最终评判者。叁伍壹壹作为这个独特城市文化街区的商业运营主体，不仅决定着信息传播活动如何开展，还决定着传播活动的延续和发展，决定着信息传播内容的质量和数量，决定着信息传播形式的选择和组合应用，决定着信息传播效果对目标用户的作用和影响，还决定着媒介生态的流量和流向。此外，与商业化传播主体相对应的是商业化的目标受众，在叁伍壹壹城市文化街区就是目标消费者。他们不仅是单一接受各种信息的人群，还是信息作用下实施消费行为的人群。他们不仅是传播链中的一个重要环节，更是整个商业综合体经济价值最终得以实现的决定性因素。因此，叁伍壹壹城市文化街区的媒介用户具有多重属性，也占据了特殊的地位，更赋予了关键的意义，所有媒介形态都必须着眼于这部分人民日益增长的美好生活需要和不平衡不充分的发展之间的矛盾，以此为终极目标服务。

二、“叁伍壹壹”的多媒体传播体系

媒介形态形式多样，而且不断推陈出新，因此很多媒介形态之间的界限越来越模糊，特别是新媒介技术驱动下承载于手机上的“全能型”媒介形态改变了传统意义上的传播体系，人内传播、人际传播、大众传播和组织传播都呈现出了融合传播的特征。在这种新的传播语境下，运作方式、组织方式、传播方式、影响方式都在变化，最终导致用户的媒介素养、媒介选择、媒介行为也在变化。叁伍壹壹城市文化街区作为移动互联时代诞生的城市综合体，作为一个以全媒体传播为商业价值实现铺路的媒介空间，多媒体传播体系的建构势在必行。例如，以“标记我的生活”为核心理念的手机应用软件“小红书”对于叁伍壹壹城市文化街区来说是一个很好的自我推介平台，同时也是一个展示独特运营方式的平台，更是一个连接用户反馈消费感受的入口。因为小红书上有数以亿计用户的真实消费体验，这些信息汇成全球最大的消费类口碑库，这些用户留言最终绘成了“叁伍壹壹”的用户画像，向潜在的用户传递着对“叁伍壹壹”的各种印象，而且随着留言数量的持续增加，用户画像和印象也处于不断自我修正的状态。因此，小红书不仅是一个建立品牌的平台，还是一个舆情监测平台，如果运用好了还是一个成就用户美誉度的数据平台。但单丝不成线，独木不成林，小红书再好也不可能独揽天下，必须选择与其他媒介形态一起共同建构立体化的传播体系，只有这样才算得上媒介融合的“叁伍壹壹”样本，才能实现媒介空间内容结构、形态结构、功能解构的有机统一，才能让媒介与环境、传播者与消费者连接成相互作用的整体。

目前，叁伍壹壹城市文化街区确实在多媒体传播体系的建构过程中不断探索实践。为了客观、全面、准确地呈现叁伍壹壹城市文化街区的媒介形态，笔者在研究过程中借助大数据检测平台全网抓取了2021年5月1日7时25分至2021年8月1日23时58分有关“叁伍壹壹”的报道[①]，共计995条（不包括叁伍壹壹官方账号发布的信息）。对这些内容按照媒体类型、来源网站进行统计分析（结果见表3－1，表3－2），笔者发现相关报道主要集中在微博、小红书、大众点评等自媒体平台，报纸、电视、广播三大传统媒体没有报

① 开始日期选择2021年5月1日是因为叁伍壹壹城市文化街区B区“美好生活体验工厂”于当日正式开放；结束日期选择2021年8月1日23时58分，是因为最多能抓取三个月的数据。

道，出现这种情况也不难理解，是由于自媒体和传统媒体运营模式不同造成的，也是由叁伍壹壹商业性运营主体性质决定的。

表 3－1　“叁伍壹壹”相关报道媒体类型统计

序号	字词	出现次数	出现频率
1	微博	493	49.5%
2	客户端	371	37.3%
3	视频	85	8.5%
4	微信	34	3.4%
5	网站	6	0.6%
6	互动论坛	6	0.6%

表 3－2　“叁伍壹壹”相关报道来源网站统计

序号	字词	出现次数	出现频率
1	微博	493	49.5%
2	小红书	309	31.1%
3	抖音	55	5.5%
4	微信	34	3.4%
5	今日头条微头条	21	2.1%
6	懂车帝	14	1.4%
7	今日头条	10	1%
8	陕西头条	8	0.8%
9	网易号	7	0.7%
10	百家号	6	0.6%

续表

序号	字词	出现次数	出现频率
11	哔哩哔哩	6	0.6%
12	58 本地版	4	0.4%
13	西瓜视频	4	0.4%
14	快手	3	0.3%
15	搜狐号	3	0.3%
16	手机新浪网	1	0.1%
17	Google 论坛	1	0.1%
18	美篇	1	0.1%
19	西安·雁塔	1	0.1%
20	腾讯新闻企鹅号	1	0.1%
21	腾讯新闻	1	0.1%
22	荣耀西安网	1	0.1%
23	人民网地方领导留言板	1	0.1%
24	ARCHINA	1	0.1%
25	腾讯网	1	0.1%
26	快资讯	1	0.1%
27	原点新闻	1	0.1%
28	兵马俑在线	1	0.1%
29	百度贴吧	1	0.1%
30	中国网	1	0.1%
31	华商论坛	1	0.1%
32	凯迪社区	1	0.1%
33	金盘网	1	0.1%

在长期的媒介实践中，传统的机构媒体注重社会公允价值，报道都要经过采编审等一系列流程，最终向大众传递的是经过多重把关的新闻或者信息，是一种机构行为，而且在长期新闻思维的作用下对商业行为的报道比较谨慎，除非其本身有很强的新闻性。而大多数自媒体注重用户价值，自媒体用户愿意在平台上分享自己的经历、感受和心得，不管这些体会来自什么性质的运营主体，只要有感触就可以发表。而传统的机构媒体对待商业主体一般以广告投放和付费软文报道为主，如果没有广告投放一般情况下不会报道。这一点与叁伍壹壹城市文化街区性质类似的老钢厂设计创意产业园就不一样，同样是将一座曾经十分辉煌而今废弃的老厂房改造再生，因为前者是西安市新城区政府牵头实施的老旧厂区改造项目，而且改造后的老钢厂设计创意产业园还是西安市新城区党员干部的政治实训基地、新城区老钢厂红色会客厅，所以相关报道屡见报端，人民日报、新华社、中央电视台等中央级媒体，陕西日报、陕西电视台、华商报、三秦都市报等省级媒体，西安日报、西安晚报、西安电视台等市级媒体也有不少报道。①

在当下的传媒环境下，传统媒体报道的缺失似乎并不影响叁伍壹壹城市文化街区多媒体传播体系的建构，媒体类型与来源网站统计结果已经完全展示了这里的多媒体传播体系形态——以用户自发传播为核心的“示现的媒介系统”、以社交媒体为符号的“再现的媒介系统”、以移动终端为载体的“机器媒介系统”一应俱全，充分说明自媒体用户在“参与”中分享感受的意愿

---

① 传统媒体对叁伍壹壹城市文化街区的报道数量较少只是一个相对现象，尤其是本研究数据统计时间段内尚未有相关报道。随着时间的推移和街区知名度的提升，尤其是西安市主要领导视察以后，各级对叁伍壹壹城市文化街区的报道逐渐增多，例如2022年7月27日的《人民日报》4版要闻以《西安结合老旧厂区特点，推进改造利用——留住记忆 增添活力》为题，对近年来西安市因地制宜，把闲置和废弃的工业遗产变为产业发展转型和城市发展更新的资源，实现遗产保护与城市建设同步推进的经验做法进行报道，其中提到了老钢厂设计创意产业园、量子晨商区、叁伍壹壹城市文化街区、“老菜场”市井文化创意街区等。

比较强烈。从单一用户较多的现状来看，这种分享是通过平台自发呈现的，个体或许不追求分享后的效果，也不追求自我影响力，但当数以亿计的个体分享的内容形成一股信息洪流的时候，就会产生强大的引导力。这种信息洪流直接影响着其他用户对叁伍壹壹城市文化街区的整体认知，而且随着这种认知地不断刺激，很容易形成大多数人对叁伍壹壹城市文化街区消费体验的刻板印象。倘若是正面印象，自然是有益的，如果是负面印象，要想通过后期的消费体验来改观难度比较大。从这一点出发，叁伍壹壹城市文化街区在早期塑形的过程中更应该做到精益求精，尽可能减少负向信息流的影响，毕竟消费行为最终支付的是真金白银，稍微有一点儿瑕疵都会影响人们的选择和行为。消费者在购物平台选择商品时十分关注他人的差评就是这个道理，商家挖空心思希望得到消费者的好评也是这个道理。

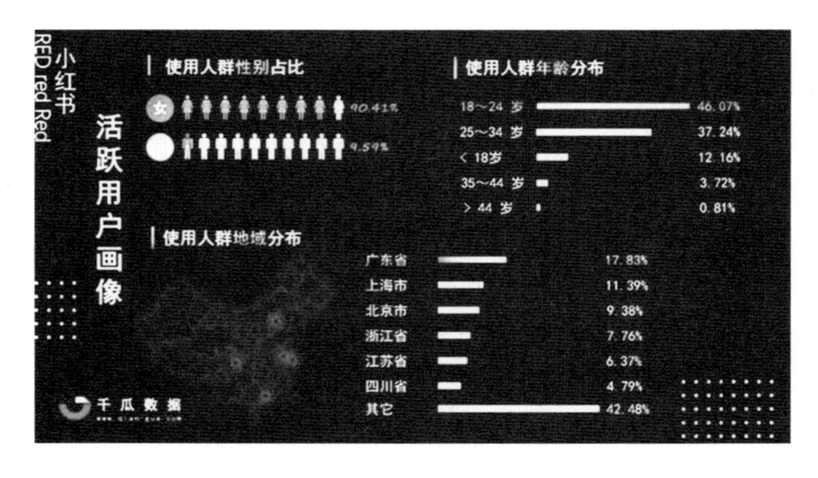

图 3-11　小红书活跃用户画像数据图

因此，叁伍壹壹城市文化街区全媒体传播体系建设的核心不是打造以信息发布为主的传统媒体，而是建构以用户体验为核心的“示现媒介”，也就是人们经常说的拥有海量受众基础的社交媒体，就是位居表3－1前列的微博、客户端、视频等媒介类型，也就是位居表3－2前列的微博、小红书、抖音、微信等媒介平台。此外，叁伍壹壹城市文化街区信息传输系统的主要媒介形态决定了它的特殊呈现方式，以自发式“体验记录”输出为核心的微博、小红书成了主流传播阵地，也成为叁伍壹壹城市文化街区群众画像的主导因素。

例如，千瓜数据独家推出的《2021小红书活跃用户画像趋势报告》显示，目前小红书有超1亿的月活用户，2020年笔记发布量近3亿条，每天产生超100亿次的笔记曝光，而且活跃用户呈年轻化趋势，年龄主要集中在18—34岁，占比为83.31%；其中以女性用户为主，占比90.41%，男性用户占比9.59%（见图3－11）。[①] 小红书用户年龄结构和职业背景分析显示，都市白领、职场精英女性是主要的用户群体，这些用户消费能力强，有相应的消费需求，追求品质生活，这个群体也与各大商业主体的目标消费群体特征高度一致。“口碑”和“悦己”是分享消费体验的关键信息，也就是说感觉怎么样以及能否满足自己的需求是核心内容，也是自发传播的内驱动力所在。

通过对本文全网抓取的有关“叁伍壹壹”的信息进行内容分析也能佐证这一论断。例如通过“标题/微博内容”对全网抓取的995条信息进行文本分析发现，与“吃喝玩乐”相关的信息呈现得比较集中。首先，“花鸟鱼市”相关内容的关键词权重占据绝对优势。除了花鸟鱼市运营时间最早的先决因素之外，其“好玩”“有特色”“新鲜感”也是用户体现中呈现较多的内容。此外，从关键词词频来看，除了位居第一的“叁伍壹壹”和位居第二的“西安”，从第三到第六的高频词都是描述“花鸟鱼市”的。其次，与

---

① 千瓜数据.2021小红书活跃用户画像趋势报告［EB/OL］.（2021－04－21）［2021－10－14］https://www.163.com/dy/article/G887BGVB0541BT1I.html.

“吃”相关的内容出现的频次也位居前列，“陕拾叁”“御品轩”“甜品”“芝士”“蛋糕”“好吃”“咖啡”“粽子”等高频词都是反映吃的文字符号。第三，叁伍壹壹城市文化街区独创的IP“花花大会”，因为受到了年轻人的追捧，也产生了不少用户分享信息，描述相关内容的“关键词”也占比较高。好玩、好吃、有意思就是用户“口碑”和“悦己”的体现，也是用户分享的主要内容。叁伍壹壹城市文化街区提供给用户的“花鸟鱼市”“美食”“美好体验”就是为了满足这方面的需求，也构成了叁伍壹壹城市文化街区以微博、小红书、抖音、微信等头部社交媒体平台为主要阵地建构媒介系统和承载用户信息的核心。

表3-3 “叁伍壹壹”相关报道标题/微博内容统计（前50位）

序号	关键词	词频	权重
1	叁伍壹壹	677	100.00%
2	西安	675	99.67%
3	花鸟	249	94.98%
4	鱼市	237	90.38%
5	花鸟鱼市	216	89.53%
6	叁伍壹壹花鸟鱼市	194	88.55%
7	花花	161	90.92%
8	花花大会	139	85.50%
9	大会	139	84.23%
10	微博	105	82.90%
11	叁伍壹壹 TFEP	92	81.74%
12	陕拾叁	89	81.44%
13	文创	89	81.40%

续表

序号	关键词	词频	权重
14	探店	81	80.59%
15	烧烤	74	81.03%
16	御品轩	72	79.52%
17	打卡	63	83.71%
18	甜品	62	82.51%
19	新店	53	80.69%
20	花市	51	81.50%
21	芝士	49	81.72%
22	蛋糕	46	76.46%
23	工业	45	73.92%
24	三五一一	42	74.63%
25	集市	41	77.25%
26	好吃	39	74.86%
27	厂房	37	74.04%
28	宝鸡	36	74.35%
29	美好	36	72.56%
30	拍照	35	73.76%
31	夏天	34	72.81%
32	文化	34	70.93%
33	朋友	34	70.75%
34	市场	33	70.21%
35	咖啡	32	72.30%

续表

序号	关键词	词频	权重
36	快乐	32	71.00%
37	粽子	30	75.34%
38	开心	30	71.12%
39	可爱	30	70.92%
40	开业	28	71.27%
41	市集	27	74.60%
42	陕西	27	70.81%
43	味道	27	70.37%
44	糕饼	26	76.17%
45	糕点	26	72.99%
46	高新	26	71.98%
47	夏日	26	71.42%
48	年轻	26	69.55%
49	商业	26	68.83%
50	复古	25	71.83%

这里需要特别说明两点：

1. 因为"标题/微博内容"数量多，字数超过5万字，而且语言表达比较随意，多以口语化的方式呈现，还夹杂着一些表情符号，无法进行详细的内容分析和文本梳理，因此笔者只能借助在线词频分析工具——图悦，进行关键词词频分析和权重统计，其结果（前50位）见表3-3，其中权重是以出现频次最多的关键词"叁伍壹壹"为基准，考虑到关键词的典型意义，本文在选择性呈现上仅仅列举前50位。

2. 因为相关报道来源网站以微博和小红书为主，而这两个平台在内容呈现上不像传统媒体报道的文章那样文题并茂，大部分情况下简短的文字就是内容的全部，而非主要来源的文章，无用信息比较多，主要意思都在标题中直接体现。因此在内容分析上以“标题/微博内容”为依据，而不是以“文章内容”为依据，而且通过“文章内容”分析和“标题/微博内容”分析生成的“热词权重图”来看，二者在核心意思的表达上差别不大，只是图悦在线分析系统在关键词排列呈现上有一些差别而已（图3－12，图3－13）。

图3－12　“标题/微博内容”生成权重图

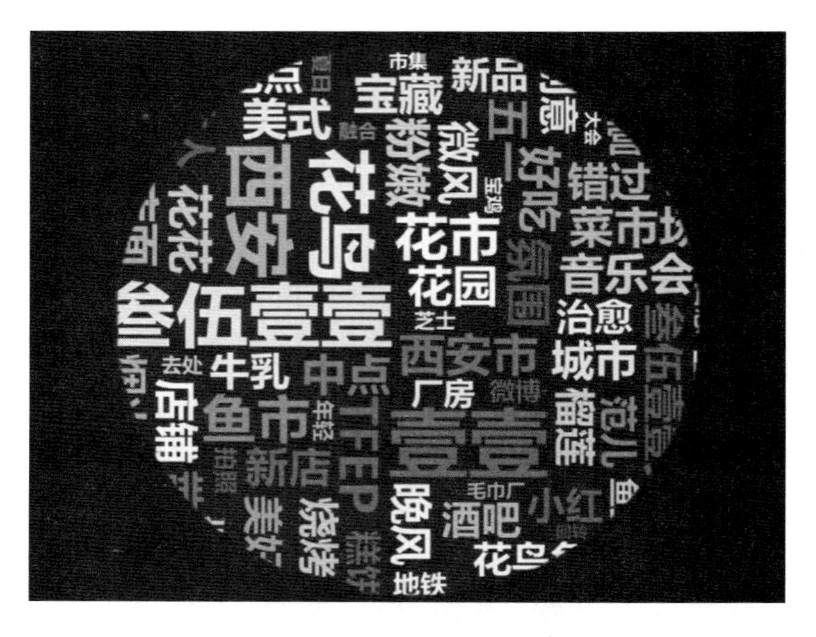

图 3－13　“文章内容”生成权重图

综合上述分析来看，传统媒体对于叁伍壹壹城市文化街区可以说是没有发声，自然也没有什么影响力，这种依靠自媒体建构自我传播系统的现状与以新闻信息生产发布为核心的媒介传播系统有着很大的差异。目前新闻信息传播主要是以传统媒体为信息源，以传统媒体建立的新媒体矩阵（微博、微信、客户端）为核心渠道，头条号、百家号、微信号、视频号、抖音号、一点资讯号等为重要补充，建构了多渠道、全方位、立体化的传播生态系统，其核心目的是传递新近发生的事实信息。而叁伍壹壹城市文化街区的核心目的不是传递新闻信息，而是为实现商业价值服务，与传统媒体的价值取向没有什么交集，因此只能寻求自我突破。除了官方形式的视频号、微信号以外，更多的是寻求自媒体领域的曝光。这种自媒体除了前面所说的社交媒体之外，还有一些以信息发布为主的微信公众号、视频号、头条号等。

图 3－14　自媒体平台上的体验式分享

不论是传播方式还是传播内容，这类自媒体与微博和小红书的 UGC 生产模式（User Generated Content，即用户将自己原创的内容通过互联网平台进行展示或者提供给其他用户）不同，是 PGC 模式（Professionally-produced Content，专业生产内容，专家生产内容）与 OGC 模式（Occupationally-generated Content，职业生产内容，即以内容提供为职业的人所生产的内容）的结合，发表的内容专业性强、可读性强、故事性强，都是从某个领域出发对叁伍壹壹城市文化街区进行深度解析。如果说社交媒体上用户发表的信息更多的是感性认知，那么这些深度的内容偏重理性分析。

例如，“陕西省创意文化产业协会设计委员会官方媒体”的微信公众号“设计丝路”发表过两篇文章《逛叁伍壹壹，请带上这份设计指南》（上下），主要讲述了叁伍壹壹城市文化街区里几个代表性的设计经典案例；“关注时尚零售品牌、创新商业业态、优质商业项目，分享行业热点事件”的微信公号“iziRetail 热点”发文《非标商业项目如何破题？我们在“叁伍壹壹”看到了市井和青年文化的融合》，主要分析了三五一一更新规划思路，以及改造提升后叁伍壹壹城市文化街区的青年文化气息；微信公众号“商业新灵兽”发文《为什么说叁伍壹壹为新社区商业开了一扇窗》，认为叁伍壹壹城市文化街区正在通过自己对新一代消费者的理解，重新定义人们对商业形态的认知；微信公众号“长安 inG”通过图配文的形式邀请市民在 2021 年的夏季来叁伍壹壹城市文化街区寻找夏天的颜色，感受城市的生长曲线、动态、速度；微信公众号“悦西安”发文《老工厂“变形”空中花园，街区更新的西安样本》讲述了三五一一在工业文明二次利用上的先进经验，也以此为案例剖析了城市更新理念下老工厂的蝶变重生之路。

三、“叁伍壹壹”的立体化媒介呈现

前面主要讲述了自媒体用户层面叁伍壹壹城市文化街区的媒介呈现，对于运营主体而言，这些评价都是客观的真实存在，在渠道、内容、形式上都无法左右其观点，只能通过自我完善引导用户舆论向上、向善、向好的方向发展。但是作为一个独立的媒介空间只有用户的自我反馈还是不够的，还需要主动发声，通过主观引导输出自我意识、自我文化、自我品牌、自我价值，在这个过程中实现刺激用户消费的目的。在具体实施的过程中，无论是借助“他”媒体拓展传播渠道，还是建构“自”媒体主导意指传播，在当前的传播语境下只有实现多媒体有机组合才是建构现代传播体系运行机理的必由之路。因此，叁伍壹壹城市文化街区在媒介呈现的过程中必须坚持从自身实际出发，取长补短、去伪取精、择善而从，多角度、多层次、多渠道，虚拟化、可视化、立体化，建构全程媒体、全息媒体、全员媒体、全效媒体传播形态结构，形成叁伍壹壹城市文化街区媒介生态系统组成要素在时间和空间配置上的基本构架。

第一，从空间结构和时间结构两个方面梳理发现，以厂区布局和建筑结构为依托形成的媒介空间结构相对清晰，老旧厂房改造而成的底层空间以工业遗迹为媒介符号传递着厚重的历史文化气息，二层空间以现代城市商业综合体为媒介符号传递着时尚生活元素。此外，原有的“大树下的广场”与人造的“下沉式的广场”共同构成了老旧厂区特有的群体化传播语境。在这个有着共同话语体系的传播系统中，各种媒介符号通过有机结合形成了立体化的传播体系。原有的工业遗迹、老旧厂房、废弃机器与现代的标识、视觉海报、创意表情包等共同讲述着三五一一厂的历史，记录着老旧厂区改造提升的过程，描绘着叁伍壹壹城市文化街区的商业未来。遗憾的是时间结构不太清晰，历史纵深感彰显不足，除了街区入口处的文化墙以人物为主线讲述了三五一一厂发展历史脉络图之外，很少能看到时间在这里留下的印记。号称“工业遗存承载城市记忆”，却没有承载城市记忆的媒介载体？号称“中国最大的毛巾生产厂家之一”，却没有见证历史发展的媒介符号？不论是原件还是复印件，不论是历史遗存还是现代仿品，只要摆放在那里就是历史发展与城市变迁的见证，就是工业文明发展过程中留下来的遗迹。

第二，从多角度、多层级、多渠道这三个方面梳理发现，商业性质的信息传播诉求决定了选择“多”条腿走路的媒介形态，同一内容的多角度阐释、多渠道分发、多层级报道在叁伍壹壹城市文化街区基本能得到体现。这一点从上面的数据统计以及自媒体的报道中也可以看出来，例如从媒介类型来看，虽然以微博和客户端为主流阵地，但在视频、网站、微信、互动论坛等方面都有所释放。从相关报道的来源网站来看，除了微博和小红书这两个主流阵地外，还有31个附属阵地，其中不乏今日头条、微信、抖音、西瓜视频、快手等大流量池的头部自媒体平台。此外，细分这组数据还会发现，虽然没有传统意义的官媒报道，但是官媒新媒体平台有相关内容的释放。例如陕西头条和中国网，前者是由陕西广播电视台和西部网两大主流媒体融合打造的陕西门户级新闻资讯客户端，后者是国务院新闻办公室领导、中国外文出版发行事业局管理的国家重点新闻网站。主流阵地、流量阵地、自媒体阵地、官方媒体阵地，共同构成了叁伍壹壹城市文化街区立体化的传播格局，为相关内容的多渠道、多层级分发创造了条件，也为进一步影响细分受众提供了可能性。

第三，从虚拟化、可视化、立体化这三个方面梳理，只要用户喜好的都是需要选择的，只要消费者认可的都是需要运用的，视觉符号、听觉符号、图文符号、声音符号、视频符号、互动符号，大屏符号、小屏符号、指尖划拨符号、固定展示符号等，在叁伍壹壹城市文化街区已经建构了一套非常复杂且纵横交错的媒介生态系统。所谓的立体化、可视化、融合化在这里都可以找到载体，母系统与子系统的有机统一构成了自我运行系统，内部系统与外部系统的交相呼应构成对外交流系统。例如，对叁伍壹壹城市文化街区官方视频号发布的内容进行文本分析会发现媒介融合运用的现状：截至2022年2月7日共发布视频26条，从第一条老照片剪辑到后来的实景拍摄，从“看见生活就够了”的艺术拍摄到“愿鲜花和阳光与你常伴”的主题拍摄，从以街舞为视觉元素的动感拍摄到以情感为主线的情景剧拍摄，都在讲述着叁伍壹壹城市文化街区的“不一样”。在一个1分46秒的短片中，结合中秋节的时间节点通过一个小兔子形象的工作人员在街区的工作经历、意外收获和情感变化，表达祝福，愿每一个不一样的“你”都能在中秋收获幸福。不只是视频里的兔子，邻居们在这里也能感受到彼此的温暖，例如C区一层的森屿生态景观和邻居馨宠，都是一帮年轻人因为热爱所以当事业干的典型，是一帮年轻人将兴趣转化为职业的典型，一个做小众类爬宠，一个在DIY着心中的绿色世界，看似两个不相关的事情在某种层面上居然也有关联，而这种连接点就是邻里之间的温存与街区创造的共同意境，也正是因为这样两个店铺选择在同一天营业。视频号七夕节推出的小视频通过一位年轻女孩讲述了叁伍壹壹城市文化街区的“爱意”，可能是一个甜蜜的微笑，可能是一顿美味的午餐，可能是一张美丽的照片，可能是一个美好的邂逅，可能是一段美好的回忆……从写实镜头到写意镜头，从讲事实到讲故事，从信息传递到情感共鸣，叁伍壹壹城市文化街区正在可视化传播的道路上不断探索。就目前的情况也只能说是探索，因为视频发布的数量、频次、时间节点都不固定，内容也没有统一的规划，而且视频呈现水平也不理想。就目前的26条短片而言，大部分还有待提高。上面列举的这种有思想性、艺术性、故事性的片子只有3条，其余的基本上都是纪实性的小短片，这与叁伍壹壹城市文化街区所强调的文化调性之间有一定差距。当然，好片子需要策划、编剧、拍摄、剪辑等一系列步骤，也需要大量资金投入，就目前的运营情况而言可能不足以支撑，但是从发展的角度思考媒介空间建构的先进性和融合化，走视频化道路是一道必答题。根据中国互联网络信息中心发布的第47次《中国互联网络发展状况统计报告》，截至2020年12月，我国网民规模达9.89亿，其中，短视频用户规模为8.73亿，占网民整体的88.3%，人均单日使用时长达125分钟。[①] 国家权威部门发布的数据

---

① 中国互联网络信息中心（CNNIC）. 中国互联网络发展状况统计报告［R］. 2021. 2. 3.

是最好的佐证，也是用户媒介使用习惯的数据画像。很显然，用户刷视频是一种生活习惯已经是不争的事实，因此像叁伍壹壹城市文化街区这样的商业主体选择视频化传播途径是输出信息、塑造品牌、引导消费最有效的手段。

第四，从媒介融合的角度分析发现，传播技术和移动通信技术的发展已经模糊了传媒之间的边界，媒介不仅仅是人的延伸，更不是单一的传播载体的延伸，以智能手机为代表的信息传播载体就是媒介融合发展的集中体现。媒介已经生态化、智能化、生活化了，媒介已经与传播者、接收者融为一体了。为了满足传播过程中的“三方融合”，媒介本身的融合也已经成为社会发展的潮流和趋势，不论前面说的“三多”还是“三化”都是媒介融合的体现。但光有这些还不足以满足人民日益增长的信息需求，以数字媒体、沉浸媒体、智媒体为核心的媒介新形态正在不断推陈出新。只要有新技术、新刺激、新体验、新感受，原有媒介形态的边际效应递减速度就会加速呈现，人们追求新鲜感的需求会冲减对信息本身的追求。特别是以自媒体用户内容生产传播为核心的叁伍壹壹城市文化街区，受到的影响更加明显，毕竟分享新鲜东西的获得感大于老生常谈，更何况“网红”经济的昙花一现效应更需要有不断的“新内容”给予刺激，曾经风靡网络视频的永兴坊“摔碗酒”而今已难见踪迹，就是活生生的例子。

因此，从当下非常流行的媒介融合视角出发，叁伍壹壹城市文化街区更应该瞄准最前沿的媒介技术，让用户不断感受到“媒介+”的新鲜感，体会到“媒介+”不一样，通过“媒介+”刺激消费者不断为“新鲜感”买单。只有这样才能实现商业价值，实现商业运营的可持续发展，为持续推进媒介融合和“媒介+”战略提供保障。当然这仅仅是一种理论层面的认知，具体能否落到实处还需要具备很多条件。

四、小　结

在当前加快媒体融合转型的趋势下，媒介技术从某种层面讲已经是先进生产力的代表，因此，即便是新闻机构的改革也已经不再停留在内容生产流程中，还扩展到了媒介形态创新层面、媒介技术拓展层面、“媒介+”理念探索阶段，更何况以商业价值实现为目标的城市商业空间。它对媒介的选择和运营应该说是处在媒介融合的前沿，发布广告信息要顺应用户的媒介诉求，竖立品牌要符合用户接受信息的喜好，引导消费喜好，通过自我革新满足用户需求。因此，在叁伍壹壹城市文化街区里，所谓的媒介符号变革与媒介形态更迭是媒介空间建构的表象，其本质是伴随媒介符号与形态而延伸的媒介功能，包括工业文化传统功能、受众情感引导功能、消费情景营造功能等。在这个功能建构的过程中，各种媒介形态发挥着越来越重要的作用，特别是微博、小红书等以承载用户真实体验为核心的社交媒体平台，已经成为叁伍壹壹城市文化街区媒介资源的聚合器和传播关系的协调者，已经成为连接城市空间关系网络和海量用户关系网络的重要平台。总而言之，无论叁伍壹壹城市文化街区的媒介形态如何布局，媒介空间如何建构，最终还是要回归到城市街区与用户体验的逻辑上，要回归到服务城市商业综合体可持续发展的轨道上，这是叁伍壹壹城市文化街区媒介空间建构的终极使命。

第四章
话语空间：城市文化街区话语体系建构

“当人们作为沟通者积极地参与，而不是充当一名消极的接受者时，也就是说，当他们不仅遵守共同的规则（比如听众微调），而且与其沟通伙伴一起创造和体验了某种共享的真实性之时，言语沟通就能以相对微妙的方式传播知识、记忆和信念。”

——杰拉德·埃希特霍夫

上一章从媒介空间、媒介符号、媒介形态的视角入手分析叁伍壹壹城市文化街区媒介空间的建构与功能实现。为了更好地理解叁伍壹壹城市文化街区的媒介属性和传播特质，本章从传播内容表达层面进行梳理，分析媒体传播语境下的话语体系建构和内容生产机制。当然，话语也是符号，是人们说出来的言语或写出来的文字。这里所说的“言语”和“文字”是一个相对宽泛的概念，视觉语言、听觉语言、直觉语言都包括在内。用相对专业的“话语”来描述，话语是在特定的社会语境中人与人之间从事沟通的具体言语行为，即一定的说话人与受话人之间在特定的社会语境中通过文本展开的沟通活动，包括说话人、受话人、文本、符号、沟通、语境等要素。所谓的话语体系是指对人们说了什么，怎么说的，为什么要这么说，以及所说的话带来了哪些影响。当然，话语表达体系也是符号空间建构的一部分，也就是说从文章内容布局上讲，这一部分也属于媒介空间建构的内容。

第一节　"叁伍壹壹"话语体系的内在逻辑

符号空间是信息传播载体，是传播内容的外在表现形式，是实现传播者思想、观念、情感、理论、知识、文化等所指的有效途径。全媒体时代为商家的"叫卖"行为赋予了多种可能性。通过前面的分析发现，叁伍壹壹城市文化街区为了实现"叫得响""叫得好""叫得有效果"的商业性目的，已经在尝试搭建独具特色的媒介空间。这个空间既有有形的媒介符号，也有无形的信息传播，还有媒体平台的客观呈现。很显然，叁伍壹壹城市文化街区在新媒体传播领域也开始了全方位、立体化的探索，尤其是社交媒体平台用户体验塑造的媒介形象直接影响着受众的认知、情感、行为。总而言之，媒介以内容传播为核心，载体以内容传播为已任，不管是传统媒体还是新媒体，不管是单一媒体还是多媒体，没有内容支撑终究没有价值，叁伍壹壹城市文化街区作为媒介空间，同样需要内容的支撑。

一、话语体系的城市街区赋义

对于话语体系的概念，中国文化软实力研究中心主任张国祚认为，话语是表达一定思想、观念、情感、理论、知识、文化、价值判断等的字词、句式、文章、信息载体或符号。换句话说，思想观念是内容、本质，话语体系是形式、表现。话语体系是受思想理论体系和知识结构体系制约的，由一定的相关概念、术语、判断、规律、范畴所形成的思想理论体系和知识体系，决定了其话语体系的逻辑架构。任何话语都表达一定的思想理论观念；而任何思想理论观念都需要一定的话语来表达，是一个相辅相成、彼此相依的共同体。①

在研究叁伍壹壹城市文化街区的媒介属性和功能的过程中，同样需要分析其独特的话语体系，因为这里有独特的内容和本质，如悠久的军工历史、厚重的工业文化、辉煌的工业文明、时代变迁留下的历史印记、城市更新带来的重生，以及与之相对应的人们的记忆、情感、认知、行为等都是这里独特的话语体系得以形成的理论体系与内在逻辑。

首先，传播主体的身份地位、思想观念、价值取向以及所要表达的内容决定话语体系的形式。就新闻媒体而言，人民日报的中共中央机关报地位和长久以来形成的新闻价值评判标准决定了其话语体系的党媒风格。再比如新闻从业者经常说的“新华体”。虽然对于新华体的认知说法不一，但这一概念在新闻界非常流行且通用，也是重大时政新闻报道的范本，这是由它的官媒属性所决定的，也是主流意识形态传播所需要的，居庙堂之上的新闻自然要有“穿西装打领带”的范儿，这就是话语体系的典型性体现。

自媒体话语体系与党媒话语体系截然不同。首先，很多自媒体不具备党媒话语体系的生产能力，也没有相应的信息资源获取渠道和采写发布资质。而自媒体与党媒的身份不同，其目标是针对自己的受众喜好进行报道，因此在话语表达方面需要寻求适合自己的方式。不论是“运动范儿”“休闲范儿”“时尚范儿”，还是“复古范儿”“奢侈范儿”“西洋范儿”，只要其所在领域的狭义受众喜欢都可以选择，这就是适合自身的话语体系。以此类推，叁伍壹壹城市文化街区作为媒介空间，其话语体系的建构自然离不开曾经的工业历

---

① 张国祚. 关于打造话语体系与改进文风的几点思考［J］. 思想政治工作研究，2013（04）：6-7.

史、如今的商业价值现实以及未来的发展规划，其话语体系的内在逻辑少不了运营主体的商业追求、用户的消费体验以及经过改造提升的城市文化街区给人们带来的社会生活感受。

其次，不同特色、风格、语气、表达方式、传播形态的话语体系在传播思想观念、价值选择和意识形态的过程中呈现出来的传播力、感染力、影响力差异化很大。随着全媒体传播体系的建构，视频媒体的不断深入人心，不论是人民日报、央视、新华社这类党媒，还是新京报、南方都市报、华商报这类都市类媒体，抑或是澎湃新闻、封面新闻、界面新闻这类新型媒体，都在全媒体的框架下重新建构自己的话语体系，开始了一系列“人格分裂”式的尝试，在传统媒介形态上有板有眼地呈现着完整的新闻表达话语体系，在新媒体呈现上输出了符合受众阅读习惯的新颖话语体系，特别是在视频呈现上出现了很多鲜活的话语体系。例如央视新闻“主播说联播”栏目就是通过自媒体平台呈现的一种新型表达方式，主播还是新闻联播上那个正襟危坐的主播，但是这种夹叙夹议且带有情感表达的话语体系与新闻联播原有的话语体系截然不同，在陈述新闻事实的同时表达了态度、观点、情感，感染力和影响力超越了新闻报道本身。叁伍壹壹城市文化街区作为一个以商业价值实现为终极目标的城市媒介空间，其话语体系的选择自然以受众喜好为中心，以用户的接受程度为依据，以表达方式对消费者行为的驱动为目标。就目前的媒介环境来说，建构视频话语体系必不可少。通过对其微信公众号和视频号的发布情况进行统计可以看出在这一领域有所尝试，但是数量特别少，视频号两年多就发了29条，质量也参差不齐，大部分点击量不到100，点赞量最高的一条也只有772；微信公众号只发布了3条视频，传播数据最高的一条视频观看2177、点赞11、在看35，没有分享和收藏，也没有用户留言。

最后，传播主体和传播内容两者之间虽然各有侧重，但总体而言话语体系与所要表达的思想、本质以及效果实现之间是相辅相成的有机统一体。不存在没有实质内容的话语，也不存在凭空传播的思想，报纸、电视、广播等传统媒体如此，微博、微信、头条等自媒体也如此；口语表达和文字表达如此，图片表达和视频表达同样如此；静态呈现如此，动态呈现也如此。思想内容只有找到适合自己表达方式的话语体系，才能搭上移动互联时代全媒体发展的快车，才能顺应全民刷手机、看抖音的大众化传播生态和社会化媒介素养。

叁伍壹壹城市文化街区要想实现自己的商业价值，必须根据不同传播介质的特点选择合适的表达方式：广而告之类信息呈现时语言简洁明了，意思表述直截了当；情感表达类信息呈现时，字里行间流露着真情实感，视频的每一帧画面饱含情感；现代商业概念类信息呈现时，网络流行语言的应用要深入人心，推陈出新，运用符合年轻人审美的语言体系。“微信表情包”“花花大会”就是这方面的体现，“一只兔子”的视频创意就是这方面的尝试。简而言之，就是要见什么人说什么话，用对的表达方式让对方理解所要表达的内容，从而实现自己商业变现的目的，这就是叁伍壹壹城市文化街区媒介空间话语体系建构的出发点和落脚点。

二、“叁伍壹壹”话语体系的要义

话语是思维工具和交际工具，同思维有着密切的联系，是思维的载体和物质外壳以及表现形式。任何一种话语体系都具有五个核心要素，即指向性、思想性、逻辑性、描述性、传播性。这五个核心要素分别表达的是立场、观点、方法、表达、传播。虽然从内部结构上看分为五个方面，但对外呈现时是一个完整的整体，是一个由内容到形式的逻辑进程。

第一，指向性与立场。任何话语体系都是特定指向性的表达，指代着与其相对应的人、事、物，传递着说话人的某种立场。人际传播如此，大众传播也如此，城市媒介空间的传播同样如此。叁伍壹壹城市文化街区微信公众号发的第一篇文章《西安的下一个，可能在哪里？》① 既带有明显的指向性，同时也清楚地表达了自己的立场——“记忆凝结在建筑里，我们要把它挖出来”。文章开门见山地说出了主旨“工业遗产改造再利用已不是新鲜事”，引用了工业遗产的定义——文化遗产的一种类型，这种认定来自成立于1973年的国际性非政府组织“国际工业遗产保存委员会”，是国际上对于工业遗产保存与应用的指导性机构；还分析了人们对“工业遗产的保护与再利用”的价值判断和认同，并列举了英国铁桥峡谷、法国巴黎奥赛博物馆、英国伦敦泰特美术馆、长春水文化生态园、西安老钢厂创意园、西安大华·1935等国内外工业遗迹改造再利用的典型案例；最后才落脚文章的核心——三五一一厂的更新与再造即将开始。前文的铺垫性话语就是告诉人们三五一一厂的更新改造符合历史发展规律，全世界范围内有先例可循，这就是文章指向性与立场的体现。

第二，思想性与观点。话语体系是思想意识的物质外壳，没有话语表达就不会有思想意识再现，没有思想意识的话语体系是缺少灵魂的符号，思想意识通过话语表达出来就是观点、立场、态度。上文中列举的例子即指向性的体现，自然也是思想性的体现。有思想才能有方向，思想是指引方向的灯塔，而思想性往往以观点的形式对外呈现。这一点与新闻报道还是有区别的，新闻是新近发生的事实的报道，虽然经过记者、编辑、审核等“把关人”环节，免不了有人加入其主观意识。但仅从单一信息来看思想性并不凸显，更多的是告诉人们什么时间、在什么地方、发生了一件什么事情、造成了什么影响。叁伍壹壹城市文化街区虽然有媒介属性，但不以新闻信息传播为核

---

① Local 本地. 西安的下一个，可能在哪里？[EB/OL].（2019-08-28）[2021-10-23] https://mp.weixin.qq.com/s/1aDU1KeDpbDFsn9o61thCA.

心，而是以商业价值实现为核心，每一篇文章、每一条视频、每一个活动都是观点输出，所有话语体系都服务于观点输出，只是有些话语表达观点的意向比较明显。例如《西安的下一个，可能在哪里？》的结尾就明确地表达了文章的核心观点——“三五一一厂等待的不仅仅是工厂改造本身，更是一种包裹着个体生活、街区氛围的‘复兴’与‘再生’”。① 当然，有一些观点的表达比较含蓄和隐晦，例如叁伍壹壹微信公众号推出的“新工人俱乐部”系列报道，表面上看讲述了几位老工人的“三五一一”往事和记忆，但是仔细分析所描述的内容会发现，虽然用的语言不同、说的事情不同、流露的感情不同，但系列报道最终都在表达着一个共同的观点——保存三五一一工业遗迹很有必要，这里留存着一代人的美好记忆，记录着一个时代的历史痕迹。

第三，逻辑性与方法。说话要有逻辑性是最起码的要求，因此话语体系的逻辑性不难理解。作为传播媒介，图文呈现要有逻辑性，声光电呈现也要有逻辑性，视觉话语体系、听觉话语体系、触觉话语体系表达要有逻辑性，由这些子系统建构的叁伍壹壹城市文化街区的整体话语体系表达同样要有逻辑性，而且这种逻辑性处在一个不断变化发展的话语体系之中。这个体系中的各个要素既有一定的稳定性，也有一定的变动性。稳定性是话语系统得以存在的前提，也是大家理解所要表达思想的基础，也是话语体系自身被大家使用并认知的必备条件。变动性不仅仅是因为话语体系内部不断进行的系统性衍生、更新、发展的自我蝶变规律所致，而且也是语言的适应性和传承性的表现，任何话语体系如果无法适应新的社会环境，就不可能有传承和发展。叁伍壹壹城市文化街区话语体系逻辑性的基础体现在三五一一厂的改造提升上，如果这个前提不存在，三五一一厂选择的是商业性地产开发或者公益性博物馆修复，所

---

① Local 本地. 西安的下一个，可能在哪里？［EB/OL］.（2019-08-28）［2021-10-23］https：//mp. weixin. qq. com/s/1aDU1KeDpbDFsn9o61thCA.

有的表达方式都将围绕这些方面展开，思想性、指向性都将服务于这一具体实践，相对应的话语体系肯定是另一种逻辑。关于这一点，叁伍壹壹城市文化街区是这样，其他的商业主体也是这样，每一个心智成熟的人也是这样，国家、政府、社会组织都是这样，因为逻辑性是话语体系的生命力。

第四，描述性与表达。如果说逻辑性强调的是对理性的阐释，那么描述性可以说是对表象的说明，话语体系的描述性就是通过各种语言表达方式告诉他人你说的是什么内容，描述的是什么东西，表达的是什么意思，是对事物特征的表象进行描述性的介绍和说明，但是这种描述性不可能是没有边际的展示，当然也不可能实现全方位展示，只能告诉信息接收者描述主体所看到的东西和想让信息接收者知道的东西。当然想让人知道的未必都是真实的，肯定是经过选择的。追求新闻真实的媒介尚且如此，以广告宣传为己任的叁伍壹壹城市文化街区所建构的媒介空间更是如此，但不管主观意愿是什么，所描述的东西一定要符合公众的普遍认知。当然，有些是客观原因造成的局部真实性描述，盲人摸象、坐井观天、窥豹一斑就是这个道理；还有一些主观原因选择的局部真实性表述，不论是个人表达、商业广告、媒体报道，还是国家对外宣传，这种情况在现实中也很常见。因为话语的描述性是其在能够交流的重要体现，交流的内容就是传播者的思想、观点、立场的外在符号化呈现，所以说话语体系的描述性是其在指向性和思想性指引下的逻辑性表达过程。叁伍壹壹城市文化街区的相关报道中描述性的话语体系随处可见：对昔日辉煌历史的文字性描叙，对改造提升过程的视觉化描述，对现代化商业主题的视频化描述等。例如，叁伍壹壹城市文化街区对自己功能定位的描述是“通过对传统厂房建筑的巧妙改造与利用，营造出一种被期待的新场景。以人为本的建筑空间设计，为人们日常休闲和观景提供一个绝佳去处；合理有趣的交通动线设置，引导顾客全线穿行街区各处，使得B、C区有机互动而形成的全新消费体验；

大量生活、服务业态的设置，在便民的同时为商家经营带来客流支撑”。①

第五，传播性与传播。传播和话语一样在人的生活中无处不在，人的一生就是进行自我传播和向他人传播的过程。如果说指向性传递与思想性输出是终极目标，逻辑性与描述性是采取的方式方法，那么传播性就是实现途径，话语体系是构成这个实现途径核心要素的代名词，也是实现有效传播的重要手段，更是受众获取信息的重要载体，是传播过程得以完成的前提条件。具体到本文的研究对象叁伍壹壹城市文化街区，传播的核心要义是向他人传播思想、观念、情感等，因为自我传播无法满足其商业价值实现的目的，向他人传播就需要富有传播性的媒介。媒介传播内容的呈现就是语言符号，语言符号的有机组合最终建构起符合自己传播需求的话语体系。话语体系又是通过一套具有统一编码解码标准的指令实现了自我无限传播的能力。这种无限传播的能力使得话语能够成为大众的共识并保存下来。正是因为这种传播带来的共识让人们对外界多了一份了解，而叁伍壹壹城市文化街区就是这个需要被人们了解的新事物。因此，无论是在头条号、微信公众号、微信视频号、抖音号这样的自媒体账号上，还是在微博、小红书这样的社交媒体平台上，叁伍壹壹城市文化街区都需要借助全媒体矩阵进行多渠道、多媒体、多平台曝光。以此实现新媒体视域下更为广泛地传播，让叁伍壹壹的话语体系辐射到更多目标受众，触及更多有共同工作经历、生活阅历的群体，让传播行为从外部的人际传播、组织传播、大众传播向内化的个体自我传播转化，从而影响个体的认知、记忆和情感，最终激发消费行为，从而实现商业运营的可持续发展。

---

① 叁伍壹壹城市文化街区运营公司、西安际华文化创意产业园发展有限公司执行董事赵晓学接受作者深度访谈时对街区功能定位的描述。

三、“叁伍壹壹”话语体系的特点

话语体系是对思想观念的系统表达，属于意识形态的范畴。从宏观层面讲，受政治、经济、文化、社会生活以及媒介环境的影响，从微观层面讲，受传播者思想、认知、知识、情感、兴趣以及个人言语表达风格的影响。同样的事情，不同国家表达的话语体系不同，同样的话被不同的人说出来，给人的感受不一样，同样的事情用同样的话语说出来，不同的人获得的感受也不一样，这既是话语体系的特点所在，也是话语体系建构的难点所在。

街区作为现代化城市中的独立商业主体，其对外宣传的话语体系虽然有自己的特点，但也离不开社会大环境的影响，是社会话语体系与自我话语体系的有机统一体，也是意识形态话语体系与城市街区媒介空间商业话语体系的有机统一。

第一，言之有物。言之有物是话语表达最起码的要求，假话、空话、套话终究是一场空。对于叁伍壹壹城市文化街区而言，“物”就是留存下来的工业遗迹，就是70多年的工业辉煌历史，就是特殊的工业背景留给人们的独特记忆，就是经过改造提升后获得重生的现代化城市商业综合体，所有的话语表达体系都是围绕这些“物”进行的。

例如，叁伍壹壹城市文化街区微信公众号发布的推文《城西旧事：三五一一厂里的年轻人》① 讲述了曾经发生在这里的点点滴滴。

“言之有物”之所以成为叁伍壹壹话语体系的特点，就是因为这里有“物”，厚重的历史积淀了太多能够用来表达的东西，而且这些东西大多数都是独一无二的，这些特征在现代社会的多元化信息环境下更显其稀缺性。“物”有价值，“物”超所值，有价值的东西才能获得有效传播，有价值的言语才能

---

① Local本地. 城西旧事：三五一一厂里的年轻人［EB/OL］.（2019-10-16）［2021-10-23］https://mp.weixin.qq.com/s/-EJunRb718k8EzDfKREvdw.

获得更多人的认可。不只自我建构的话语体系里要言之有物，前文提到的以叁伍壹壹为核心的媒介空间里，到处都能感受到“言之有物”的符号化存在。

第二，言之有意。言之有物是最基本的要求。言之有意就是说得有意思、有意义，这一点在非新闻信息的表达中尤为重要。新闻信息以告知人们新闻事实为己任。例如，“共和国勋章”获得者、中国工程院院士、国家杂交水稻工程技术研究中心主任、湖南省政协原副主席袁隆平，因多器官功能衰竭，于2021年5月22日13时07分在长沙逝世，享年91岁——这则消息就是要告知人们袁隆平去世的消息，属于典型的新闻消息；但不是所有的信息传播都需要直截了当地告诉人们“事实”，有内涵、有情趣、有故事的传播同样能打动人心，而且商业信息的传播对这方面的诉求更为强烈。

例如，叁伍壹壹城市文化街区微信公众号2021年1月14日发布的推文《西安老厂房改造的花市鱼市！开市大吉》，就是告诉人们花市鱼市于2021年1月16日开市，1000份鲜花和观赏鱼免费送。但是作为商业运营主体仅仅完成“告知”是不够的，还应该说得有意思，因为有意思了才会赢得受众的青睐，才有可能产生逛一逛、买一买的想法。这则推文在话语体系建构中也引入了有意思的成分，引入了当时流行的网络语“送你一朵小红花”，提出了“你没见过的‘工业风’花市鱼市”的概念。以精美的图片为核心的视觉语言体系，通过这一系列“言之有意”的话语表达方式告诉人们这里很有意思，赶快来逛，来了还有免费礼品相送。当然，有意思不仅限于此，还有很多值得挖掘的东西。抖音作为顶级流量池受到很多人喜欢就是因为能通过算法给你推送“有意思”的东西，可以说是有意思的视觉、听觉、感受语言体系对外表达的集大成者。这一点叁伍壹壹城市文化街区肯定无法做到，也不是其主营业务方向，但是可以考虑借鉴和搭顺风车。

第三，言之有理。言之有理同样不难理解，就是要说得有道理，要在言语表达中渗透道理。常言道讲故事容易，讲道理难，传播者认为有道理的东西，别人未必觉得有道理，媒体的话语表达如此，自媒体的话语表达也是如此，叁伍壹壹城市文化街区建构的媒介空间更是如此。这里确实有不少故事，但道理似乎不易发现，要说有的话就是赚钱。对于城市商业综合体而言赚钱就是硬道理，但无论是图文表达，还是视频再现，都不可能直接输出这个“硬道理”，更不可能赤裸裸地表达“来这里消费”的观点，还得通过巧妙的话语体系引导人们潜移默化地接受这个“硬道理”，吸引商家入驻，吸引顾客消费。

2020年12月10日发布的微信公众号推文《冬天，才是鲜花盛开的季节》[①] 通过列举城市因花而美丽的典范，将花与品味相互关联，赋予其特殊的含义，最后过渡到对叁伍壹壹花市的描述。

优美的文字配上好看的图片讲述了“花市”给城市带来的韵味，阐释了“花市”给人们的生活带来的情趣，最后以叁伍壹壹“花市”收尾，应该说是一篇非常用心的“议论文”，通过鲜活的例证描述人们逛叁伍壹壹“花市”的必要性。

第四，言之有趣。信息传播早已不是一种或几种媒体独领风骚的时代，新型媒体已经遍布寻常百姓家，智能化传播让信息瞬间可以覆盖掌握终端的所有人，视频化的呈现让有趣的信息一夜之间火遍大江南北。“网红”现象层出不穷，网络语言不断迭代。因此想让人们记住自己的独特性，对外呈现的话语体系一定要活泼、有趣、新潮，只有这样才能不断增强吸引力、传播力和影响力。前面提到的网络流行语言“送你一朵小红花”仅仅是在那个特定的时间让人感觉有趣，“洪荒之力”“元芳，你怎么看？”“世界那么大，我想去看看”“洗洗睡吧”“定个小目标”等都是这个道理。因此，“言之

---

① 叁伍壹壹 TFEP. 冬天，才是鲜花盛开的季节 [EB/OL].（2020-12-20）[2021-10-23] https://mp.weixin.qq.com/s/WNM_vwsyrBvrjgKfliAhuA.

有趣”是一个受外部环境影响非常大的相对概念，而且每一个受众对有趣的理解也不一样，只有适合自己的才是最好的。

叁伍壹壹的视频号在2021年中秋节前夕策划推出的《一对邻居和一只兔子》①是本文所选取的研究资料里最有趣的一条，也是激发不少网友留言互动的一条：“中秋虽在岗位上度过，但我觉得我就是那最可爱的人之一，尽微薄之力，护万家团圆。”“幸福是万家灯火，齐聚一堂，互诉衷肠，也是远在他乡心中有惦念和被惦念的那些爱与被爱的人”“最开心的事莫过于吃自己做的迷你月饼，口味俱全，越吃越上口。”

第五，言之有情。人是情感动物，说话要饱含感情，话语体系同样离不开情感的表达，只有诉诸情感的语言才能让人们在情感上获取更多共鸣和认同，以情感为表达基础和传播纽带的话语体系才更容易打动人。针对情感传播的话语体系要有语言的感染性、内容的主观性、行为的亲近性、价值的导向性、表达的艺术性等特点；情感无本体，看不见也摸不着，但情感有主体，有感悟、体验、表达。因此针对情感传播的话语体系要有“动之以情”“情感运作”“触景生情”“托物寓感”“移情专恋”等实现途径。叁伍壹壹城市文化街区的微信公众号2020年12月25日的推文《西安最早花卉市场拆除了，我很怀念它》②就是通过打感情牌向人们传递一个观点——叁伍壹壹城市文化街区引入花市是为了满足市民的生活需求和情感需要。

第六，言之有用。话语是人类交际的工具，是区分人类与动物的重要因素，言之无用是废话，所谓的社会交际都无从谈起。对叁伍壹壹城市文化街

① 叁伍壹壹 TFEP. 一对邻居和一只兔子［EB/OL］.（2021-9-21）［2021-10-23］https://mp.weixin.qq.com/s/kuBZxwlTm3D0mAlV2SR8pQ.

② 叁伍壹壹 TFEP. 西安最早花卉市场拆除了，我很怀念它［EB/OL］.（2020-12-25）［2021-10-23］https://mp.weixin.qq.com/s/JY4UQJRk4o-fMYv_epiFig.

区而言，“言之有用”就是商业信息：商户打折信息，商品促销信息、街区活动信息等。再怎么讲历史、文化、情怀，最终还是要回到商业逻辑上。对消费者而言，如何获得消费后的满足感就是最有用的信息。不论是视觉话语体系、听觉话语体系，还是知觉话语体系，只要能传递有用的信息就是“好的话语体系”，遗憾的是就目前媒介呈现而言这类信息太少，在这一点上还有待提高。例如，叁伍壹壹城市文化街区的微信公众号从2019年8月28日发布第一条信息，截至本文统计时间2022年2月8日，共发文61篇，所有推文中没有一条是打折促销类信息，或许是因为不存在打折，或许是因为与这里的“文化”调性不符，或许是因为别的原因，总之从消费者的角度出发，感觉实用性较差。当然，这种感觉是建立在狭隘的实用主义基础之上的，是从消费者获取信息角度出发的单一层面的认知，从理论分析角度出发来看，有一定的认识局限性。

微博内容分析

图4-1　微博关键词云

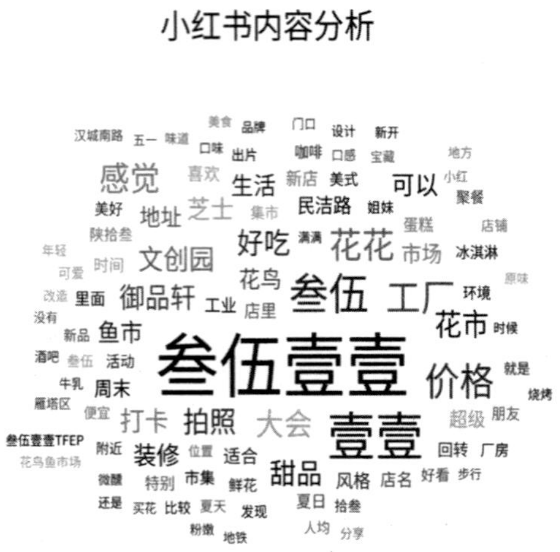

图4－2　小红书关键词云

不只是自我平台发布的信息讲究言之有用，用户在自媒体平台发布的信息同样具备言之有用的特质。通过对前文所描述的大数据平台全网抓取的995条信息进行细分研究发现，相关报道来源位居第一和第二的微博和小红书用户内容也主要体现在有用性上。发布者或许只是无意识的创作和分享过程，但是对于受众而言，可以通过这些信息了解到叁伍壹壹城市文化街区的吃喝玩乐、旅游购物。

凡事都有两面性，甚至多面性。如果从叁伍壹壹城市文化街区本身的媒介空间、符号空间、文化空间的建构层面来分析，言之有用的“用”的内涵和外延更为广泛。只要是有利于城市更新理念下老旧工业街区改造提升的话语表达体系都是有价值的，只要能有利于工业历史遗迹保护性传承和工厂时代记忆选择性再现的话语体系都是有价值的，只要是有利于城市商业街区经济效益不断提高，以及迭代升级中实现可持续发展的话语体系都是有价值的。综上所述，叁伍壹壹城市文化街区在这方面做了不少尝试，之前相关章节提到的文字内容以及描述性内容都能体现其话语体系的“言之有用”。

四、小结

什么人说什么话，见什么人说什么话，什么场合说什么话……“说话”是有技巧的。这种技巧体现在字里行间，贯穿于语言表达过程的始终，由“说话”者建构的话语体系自然也包含很多技巧。需要特别说明的是这里所分析的“说话”技巧是经过一系列“把关”后得以对外呈现的一种表达方式，在语言的组织和表达过程中要遵循内容的指向性、观点的思想性、表达的逻辑性等基本原则，注重表达的合情、合理、合法。通过这一系列“组合拳”让“叁伍壹壹”话语体系的内在逻辑性与外在传播性有机统一，为城市街区媒介空间建构提供充足的内容储备，为商业街区多元化信息传播输出鲜活的报道素材，从而为传播主体表达思想、发表看法、抒发情感、引导情绪架起信息传输的桥梁，达到感召潜在用户的目的，并促使目标用户完成消费行为，最终服务于叁伍壹壹城市商业街区的可持续发展。

第二节　“叁伍壹壹”话语体系的生产机制

生产机制是生产体系中的结构、功能及各要素之间的相互关系等。话语体系是表达一定思想、观念、情感、理论、知识等的语言符号。话语体系的生产机制即话语主体、话语对象和话语情境之间的关系，主要包含客观存在的事物、有表达欲望的行为主体、需要传递的思想观念、表意需要的媒介符号、受众接受话语体系的文化语境以及话语表达本身的艺术等构成要素。不论是传统媒体、新媒体、机构媒体、自媒体，还是城市街区建构的空间媒介，只要有传播过程的存在就一定有话语体系生产机制，语言表达不可能事事随心所欲。在上述话语体系的核心要素和特点分析中列举了很多特征和要求。这些特征的呈现和要求的实现不是与生俱来的，而是依靠一系列生产机制保障的，其中既有历史的延续性，也有客观规律性，还有主观能动性。

一、“叁伍壹壹”话语体系的历史延续性

任何事物都在不断运动、变化、发展，新事物不断地产生，旧事物不断地消亡，用于表达事物以及事物发展变化过程的话语体系同样处在不断地发展变化中。除了受事物本身发展变化的影响因素之外，话语体系还受历史、社会、文化等诸多因素影响，特别是信息多元化的媒介环境和社会现实给话语体系赋予了无限的可能性。因此，现代话语体系除了展示传播者的意图这一功能性的主线之外，话语体系自身也要顺应实用性、时尚性、新颖性、包容性、表现性、融合性的发展趋势而不断守正创新，只有与时俱进才能永葆活力，只有顺应潮流才能广为流传。这一点在任何话语体系的选择性传承过程中都非常重要，是话语体系生命力的体现。例如顺应时代潮流的白话文对传播新潮思想、繁荣文学创作、推广国民教育起到了重要作用，而文言文慢慢退出了历史舞台；有利于普及识字率、方便人们书写和记忆的简体字已经成为国家通用文字，而繁体字仅仅成为少数人附庸风雅的选择。叁伍壹壹城市文化街区作为现代化商业主体，在话语体系的选择上必然要走类似于“白话文”“简体字”这样顺应时代潮流之路。

一、历史性。前文多次提到叁伍壹壹文化街区的前身三五一一厂有70多年的工业历史，厚重的历史必然会在其话语体系变迁中留下清晰的印记，描述辉煌历史的图文信息是文化传承的表现，也是叁伍壹壹城市文化街区有别于其

他城市商业综合体的核心卖点；讲述动人的历史故事是唤起共同记忆的手法，也是叁伍壹壹城市文化街区需要特别建构的情感空间和记忆空间。因此，“叁伍壹壹”话语体系的生产不仅要有创造性，还必须兼备历史传承性。当然，任何话语体系都不是随意产生的，都建立在对此前话语体系的继承和超越的基础上，对历史话语体系的继承是文化传承的显著表现，割裂话语体系就是割裂文化，文化是创造和继承的统一，话语体系也是如此。① 叁伍壹壹推出的系列报道“新工人俱乐部”② 就是对历史的记录和文化的传承，透过历史纵深感知三五一一厂的前世今生，以便更好地理解眼前这个城市文化街区的物理空间布局、媒介符号呈现、情景空间建构、文化氛围营造、消费模式创新等。

二、传承性。语言是社会实践的产物。话语体系不可能凭空出现，历史性强调的是纵深感，阐释的是传承性，但只强调历史性不注重现代性的话语体系是没有未来的，终将被历史发展的潮流吞噬。因此，话语体系的发展过程就是一个不断适应新事物发展需要的自我完善过程，是一个不断接纳新词汇并摒弃旧词汇的自我迭代过程，这一系列过程中还要体现出很强的传承性和适应性，没有传承就会丢了本色，没有适应就是自取灭亡，所以说话语体系的发展过程是传承性与适应性的统一。所谓的传承性是指话语体系以自己长久以来形成的风格、特色，吸引或者促使人们在生产生活中，自觉或不自觉地通过视觉语言、听觉语言、知觉语言等一系列表征符号，直接或者间接影响着相关的人群，或者波及其他更广泛的区域，达到传承的效果，是话语体系中相对稳定性的体现。所谓的适应性是指话语体系在自我发展过程中，对动态变化

① 郭湛，桑明旭. 话语体系的本质属性、发展趋势与内在张力——兼论哲学社会科学话语体系建设的立场和原则 [J]. 中国高校社会科学，2016 (03)：27 - 36 + 155 - 156.

② Local 本地. 新工人俱乐部 vol. 3 | 闻得着、摸得到的年味 [EB/OL]. (2021 - 01 - 23) [2021 - 10 - 27] https：//mp. weixin. qq. com/s/S6FziLWUQdd9cJ1LsKheNA.

的环境有一个正确、客观、理性的认知，结合自身特色和发展需求不断适应、调整、改变，以便应对各种变化，产生更加有表达力的语言，产生更多基于生产生活实际的意义，是话语体系中相对可变性的体现。

叁伍壹壹城市文化街区在媒介空间的建构中，代表工业文明的废旧机器、老旧建筑、大树下的广场空间布局等就是对自我工业风的选择性传承。专属于叁伍壹壹的IP“花先生和鱼小姐”的微信表情包、花花大会概念的营造、以透明屋顶为代表的现代建筑风格设计等是现代适应性的体现，是能够明显看得见、摸得着的表现形式。还有一些所谓传承性和适应性的东西隐藏在每一篇报道的字里行间，暗含在每一帧视频画面的视觉元素里，就如同散文的表达手法一样，形散神不散，所有的话语体系都在表达着一个中心思想——一座完整的工业遗迹经过重生成为记录城市记忆的文化载体，留存时代记忆的公共空间，感受魅力生活的城市地标。当然，还有一个潜藏的更深的核心思想不容易读懂，那就是一种新商业模式和城市微更新时间的嫁接，目前虽然起步还不错，但是还没有到开花结果的时候，因此这方面的思想表达相对而言比较隐晦，不像消费信息那样直接，不像讲述历史故事那样感性。如果仔细阅读微信公众号的推文《叁伍壹壹，老工厂更新的西安样本》《老厂房激活新样本，复合型社区商业中心》《一座工厂的“变脸”》《一个西安的老厂房就要变身了，即将成为西安最独特的商业中心》，就能感受到其中的深层意思。

三、社会性。如今的历史就是昔日的社会，而今的社会就是未来的历史。话语体系的历史性是反映当时的社会，话语体系的传承性要适应当下的社会。话语是人类社会化的产物，话语体系是在特定的环境中为了生活需要而产生的，所以特定的社会环境必然会在话语体系的呈现上打上特定的烙印。同时，思想、观念、情感、理论、知识、文化、价值判断等的字词、句式、信息载体或符号，必然会受到政治、经济、文化、意识形态等社会背景的影响。所以，对话语体系的认知只有将其置于社会环境里才能全面地、深入了解其发展变化的规律。就叁伍壹壹城市文化街区的话语体系而言，如果没有国家层面对其进行“城市更新”“城市微更新”，就不会有三五一一厂的蝶变重生，没有这个需要表达的主体，就不会有相关的话语体系。因此，在社会发展中，作为思想上层建筑的重要内容和表征方式的话语体系是主体性和社会性的统一，是社会性在主体性上的体现。《激活老厂房的年轻力量》[①]的字里行间流露着现代社会生活需求和商业主体建设特点对这个老旧厂区改造提升的影响。

二、“叁伍壹壹”话语体系的客观规律性

“言之有物”是话语存在的前提，没有客观的物质存在就不会有话语体系的形成，不论是历史的、传承的，还是社会的、文化的，话语体系产生、延续、发展的前提是主体对客体的客观性描述。中国人民大学哲学院郭湛教授认为，话语体系的客观性指话语体系表达的内容的客观性，即思想内容的客观性或言语的客观性。一种话语体系的存在和发展本身就是其现实客观性的证明。这种客观性至少体现在以下三个方面：一是话语体系描述的对象是客观的；二是话语体系客观地描述了对象；三是话语体系在客观描述对象的同时也真实描述了主体的想法。[②]郭湛教授给出的这一界定没有附加任何条件，从大的社会历史背景来看没有问题，不论是《史记》这样的纪传体史书，还是《三国演义》这样的长篇章回体历史演义小说，都是特定时期特定历史的产

---

① 花花大会. 激活老厂房的年轻力量［EB/OL］.（2021-06-18）［2021-10-28］https://mp.weixin.qq.com/s/kGPX5UiuYHr0kWIswaIEyQ.

② 郭湛，桑明旭. 话语体系的本质属性、发展趋势与内在张力——兼论哲学社会科学话语体系建设的立场和原则［J］. 中国高校社会科学，2016（03）：27-36+155-156.

物，或多或少能找到一些时代的影子，存在一定的客观性，毕竟艺术源于生活。为了更好地分析叁伍壹壹城市文化街区媒介属性下的话语表达特征，在这里对话语体系的外延给出一个相对准确的范围界定，专指传播内容完备的语言表达体系，包括前文多次提及的视觉语言、听觉语言和知觉语言。

第一，叁伍壹壹城市文化街区是一个客观的存在。70 多年的军工历史是真实存在、有据可查的；1 座厂区、77 棵保留大树、3 栋包豪斯风格的厂房、10 栋 20 世纪 50 年代的旧建筑是看得见、摸得着的；现代化城市商业空间、鸟语花香的城市生活空间、“物理空间”与“产业内核”双联动的文化空间都能够被深切感知。所有的描述性话语体系都离不开这些真实存在的人、事、物，“叁伍壹壹”话语体系的生产和这些人、事、物之间存在着双向关系，并受到运营主体思想观念的影响。随着叁伍壹壹城市文化街区改造提升的不断推进，新的人、事、物不断出现，运营主体又会有新的想法需要表达，于是新的话语体系又将相伴而生。

> “每天早上要放军号、起床号，就像部队一样，然后再放新闻，到快上班的时候再播一些厂里的稿件、实时动态，到上班时间再放军号……”①

通过以上文字能够感受到 20 世纪 70 年代的三五一一厂的真实情况，俨然一个军工企业欣欣向荣的生产景象。

> “三五一一厂 2012 年彻底搬离后，曾经喧闹的厂区已停产或转作他用，散落的机器零部件和废弃的仓库显得有些落寞……”②

---

① 2019 级青工李圆. 新工人俱乐部 vol. 1 | 广播不再，声音依旧响亮得很 [EB/OL]. (2019 - 12 - 02) [2021 - 10 - 28] https://mp.weixin.qq.com/s/kLxiPlD6cMZuVY7PgGmfTg.

② Local 本地. 西安的下一个，可能在哪里？[EB/OL]. (2019 - 08 - 28) [2021 - 10 - 23] https://mp.weixin.qq.com/s/1aDU1KeDpbDFsn9o61thCA.

时过境迁，沧海桑田，昔日的繁华不再，军工厂已经丧失了原有的功能，要么退出历史，要么蝶变重生，短短几句话交代了三五一一厂面临的真实处境。

> “2020年8月8日，叁伍壹壹TFEP·花花大会，西安市雁塔区民洁路三五一一厂，一处近70年历史的老厂房，10000人次的抵达、50+的文创生活品牌、20位关于城市更新与生活的分享、3场各具风格的音乐舞台、1场有关西安摇滚乐记忆的影片……”①

这就是叁伍壹壹首届花花大会的真实写照，就是对当天真实发生情况的文字描述。

上面所引用的文字都是对不同时期三五一一厂真实情况的客观描述，都是客观存在的事情，通过三段简单的文字能明显地感受到时代变迁在这里的印记，能够很明显感受到“三五一一”到“叁伍壹壹”的复活重生之路。

第二，话语体系客观地描述了叁伍壹壹城市文化街区的前世今生。描述的对象是客观的，对客观对象的描述是客观的，这一点在上面的分析中已经给出了明确解释。这里需要着重强调的是媒介属性，客观真实是媒介信息传播最基本的要求，没有客观真实的信息是谎言，描述谎言的话语是谬论。要保证话语体系客观地描述对象，就必须建立一套系统的生产机制，健全制度控制系统、组织控制系统、信息价值评判系统以及描述者本身的自我管理系统等，只有制度健全才能确保对叁伍壹壹前世今生的客观描述。就目前而言，不论是从历史传承的角度讲，还是从现代商业的角度讲，抑或是从已经推送的文章分析，客观规律性是叁伍壹壹话语体系生产的核心，信息本身的真实性是媒体报道的底线，话语表达的客观性是诚信经营的必然要求。当然这里的客观真实是

---

① 花花大会·Local本地.老厂房为什么能够吸引这么多年轻人？[EB/OL].(2020-08-14)[2021-10-28] https://mp.weixin.qq.com/s/zsW4ERW4OGNBrv5d53c_SA.

一个相对的概念，不是绝对的真实。商业性运用主体对客观真实的认识和用户对客观真实的接受之间可能存在一定的差异，但是差异越小，传播效果越好。两者之间对所谓真实客观的共识是叁伍壹壹城市文化街区最终实现商业价值的必由之路。

第三，话语体系客观地描述了叁伍壹壹运营主体的想法。话语体系的主体是人或者以人为核心的组织机构，话语体系的形式和内容都是由人创造的，是对行为主体思想观念的表达。思想观念是主观能动的，但这种主观能动不是随意创造的，而是真实的人根据真实的意思创造的真实信息，话语体系所承载的功能仅仅是对每个人的真实想法进行描述、表达、传播。如果从业者生产的话语体系连客观描述主体的真实意思都做不到，如果新闻从业者没办法客观地描述新近发生事实的核心要素，如果叁伍壹壹城市文化街区的外宣团队连运营主体的真实想法都没办法客观地传达给用户，就不是一个合格的话语体系生产者，也谈不上信息有效传播、媒介空间建构，更别说工业文化的传承与现代商业文化的传播。客观规律性在任何话语体系的生产过程中都存在，只不过在信息传播领域表现得更为明显，特别在新闻传播领域早已成为运行规则。新闻传播规律已经成为新闻传播主体通过传递信息满足受众新闻需求的内在机理与客观法则。叁伍壹壹城市文化街区作为媒介空间虽然不以传播新闻为核心，但发布的信息同样具有传播的选择性、选择的倾向性、发布的适宜性、效应的双重价值性、流通的商品价值实现性等普遍规律。因此，客观规律性是“叁伍壹壹”话语体系建设的前提。

三、“叁伍壹壹”话语体系的主观能动性

马克思主义哲学认为客观规律性与主观能动性是辩证统一的，这个观点在话语体系的生产过程中同样适用。话语体系是人们思想观念体系的表达，思想

观念又属于意识形态的范畴。人们在主观意识的引导下认识客观世界以及在认识的指导下能主动地改造客观世界的行为是人主观能动性的体现。叁伍壹壹城市文化街区的运营者通过话语体系建构引导人们认识“三五一一厂”和“叁伍壹壹文化街区”就是主观能动性的体现，“叁伍壹壹”话语体系是在话语主体自我意识指导下，引导人们认识这个独具特色的城市文化街区的前世今生与发展规划，是向目标用户传递话语主体商业思维，并引导人们实施消费行为的主观能动性行为。

第一，通过话语体系引导人们全面了解三五一一厂。不论是图文还是视频，还是经过改造提升的工业历史遗迹。作为媒介符号，作为话语体系的表现形式，其首要任务是引导人们全面了解三五一一厂的辉煌历史。只有了解了曾经的辉煌，才能理解改造提升的意义所在，才能很好地感知改造后的城市文化街区的别出心裁，一砖一瓦、一草一木及钢架结构的空间布局都是历史文化传承与现代商业需求的结合体。即便有些地方还不够完美，但是这种展示方式本身就是一种创新，是后工业时代谋求工业遗迹复活重生的一种探索。这种探索撇开了纯商业化的“革命道路”，选择了一条城市微更新的“改良道路”。“微更新，轻改造”是叁伍壹壹的建造原则，最大限度地保存超大厂房、超高挑高、超低密度、门厅绿荫等空间特色，最小限度地改造外观及室内空间，其中就包括历史的保护和文化的传承，这也是叁伍壹壹话语体系需要着重表达的东西。

叁伍壹壹微信公众号推文《在独立咖啡节，喊你一声同志、工友、邻居》[①]中，不论是文字还是图片，抑或是整体的行文风格和版式排布，都在向当代人讲述着“一个有着丰富历史故事的工厂”和“一个工厂的故事”。

---

① 叁伍壹壹 TFEP. 在独立咖啡节，喊你一声同志、工友、邻居［EB/OL］.（2019－12－12）［2021－10－29］https：//mp. weixin. qq. com/s/LpgBK923jUaiuaL1_ quTuA.

正是这一个个无法复制的故事构成了叁伍壹壹城市文化街区独特的文化内涵。“老工人与咖啡结缘的新生活方式” 活动策划本身是叁伍壹壹城市文化街区运营者主观能动性的体现， 故事的选择性呈现是运营者意识指导下的一种信息传播过程， 煽情的文字表达方式是引导情感活动的直接体现。

图 4－3　“一个工厂的故事” 海报

这一板块将呈现十多位曾经生活在这里的 “同志、 工友、 邻居” 的口述故事及影像： 有三车间里的师徒情深， 食堂脸盆装的大馒头， 小区大院上房揭瓦的童年， 工人理发厅留下的青葱岁月……每一个人过去的回忆都构成了工厂的故事，只是每个人不同的抉择和牵绊，让各自的生活在平静中有了波澜。

不论你是否亲身经历过，这些故事都会有种似曾相识的感觉，主人公就和所有人一样，是工人，是母亲，是孩子。他们绝不是流水线上的螺丝钉，你能看到的是一个个生动鲜活的人和真实的经历。

第二，通过话语体系引导人们理性地看待叁伍壹壹文化街区。其实了解三五一一的前世今生与理性看待叁伍壹壹是一脉相承的，前者是忆往昔，后者是看今朝，前者为后者做铺垫，后者是前者生命的延续，但是这种延续不是简单的续命，而是复活重生的蝶变之路。“叁伍壹壹”话语体系的核心就是向人们展示“今朝”城市文化街区的创新性、现代性以及功能性，这不仅是信息传播的需要，更是商业宣传使然，毕竟这里不是公益属性的工业遗迹博物馆，也不是传播属性的大众传播媒介，而是一个以经营为目的的城市商业综合体，因此所有的话语体系最终都要为商业宣传服务。

图4-4 三五一一工厂生活场景老照片

关于这一点，不论是微信公众号还是视频号都有大量的呈现：从店铺招商到人员招聘，从活动推广到互动营销，从品牌输出到概念营造，可以说是应有尽有。但对用户而言，“有用”的商业信息太少。传播主体宣传的或许很高大上，但是宣传内容与用户无关，势必会影响传播效果。这首先是内容选择的问题，也是话语体系的问题，毕竟商业主体的官方号与自媒体账号还是有区别的，服务商业利益是出发点，也是落脚点，促销信息简单直接告知对用户而言最有用，毕竟大多数用户不是来这里感知历史、品读文化、感受情怀的，叁伍壹壹的媒介属性最终也是为商业属性服务的。

第三，通过话语体系阐释“三五一一厂”向“叁伍壹壹”转变的历史必然性。前者是说过去，后者是说现代，还需要向大家讲明过去与现在的关系，这是话语体系建构逻辑性的体现，也是解答受众疑惑的必要做法，《一个西安的老厂房就要变身了》[①]一文就扮演了这个角色。

四、小　结

话语体系的形成得益于人类社会的实践活动，同时话语体系又对人类社会的进步具有反馈作用，是人类社会最重要的交际工具，是理解人类社会发展历史的钥匙。工业时代人类的社会实践创造了属于那个时代的话语体系，后工业时代的社会实践必然会产生属于这个时代的话语体系，老旧工业街区的改造提升实践自然也在创造着诠释自我思想观念的话语体系。叁伍壹壹城市文化街区即便有再厚重的工业历史、再多元的文化底蕴、再时尚的商业气息，其话语体系的生产机制依旧离不开语言产生和发展的基本规律，离不开历史演进的基本趋势和社会发展的大时代背景，这是客观规律性与主观能动性在叁伍壹壹城市文化街区历史保

① 叁伍壹壹 TFEP. 一个西安的老厂房就要变身了［EB/OL］.（2019－11－19）［2021－10－29］https：//mp. weixin. qq. com/s/s7KBZODzehNju－R－lCxrcw.

护、改造提升、商业运营等具体实践中辩证统一的体现，也是主观思维之于客观存在的语言产生、赋义、传播、释义以及反馈过程。

第三节　“叁伍壹壹”话语体系的传播机制

语言和传播相辅相成，话语体系和传播机制互为依托。传播机制是指信息传播的形式、方法以及流程等环节，是传播者、传播途径、传播媒介以及接收者等所有参与者构成的统一体。要想实现信息传递必须建立一整套完整的传播机制，形成自己独特的传播生态圈，让信息在圈内传播与圈外传播之间不断交替，并产生一定的影响力，影响有影响力的人，影响有消费能力的人。当然，传播机制建构是一个系统工程，是一个信息编码与解码的过程，同时也是一个信息从发布者到接受者的传递过程。本章仅仅是结合“叁伍壹壹”话语体系的特点分析其独特的传播机制。

一、通过“议程设置”完成“信息圈粉”

传播学经典理论“议程设置”不管是在传统媒体领域还是新媒体领域都爆发出极强的生命力，以算法为基础的大数据时代又一次将“议程设置”理论予以升华。现如今不仅在内容方面可以实现“议程设置”，在传播渠道选择和信息送达方面也可以实现“议程设置”，信息能精准地推送到对此感兴趣的群体的移动终端及相关的应用程序，不相关的信息可以被完全屏蔽。这种是信息技术手段加持的“议程设置”。当然“议程设置”的理论基础依然存在，主要考察大众传播具有较长时间跨度的一系列报道活动所产生的综合效果，其核心理念是指信息传播有一种为公众设置“议事日程”的功能，通过新闻报道赋予某一件事情不同程度的显著性，从而影响受众对这件事情的关注度、关切度、关联度，也就是说大众传播不仅可以影响公众读什么，而且还能影响他们怎么想。这一点经过媒介技术的外化作用表现更为突出，在自媒体传播生态圈表现得尤为明显：一群兴趣爱好相同的细分受众群体围绕某一个自媒体账号形成了某个所谓的“圈子”，账号运营者扮演“意见领袖”，发表的内容就是大家阅读的材料。通过长期的阅读形成了某种有价值趋向性的思想，这就是“议程设置”理论与自媒体相结合产生的一种新现象，姑且将其称为“信息圈粉”现象。叁伍壹壹城市文化街区的微信公众号与视频号要完成的首要任务就是“信息圈粉”，让大家愿意关注你，愿意看官方账号发表的文章和推送的视频。分享官方账号发布的信息中他们认为有用、有意思的内容，这不仅是增加粉丝和扩展影响力的手段，也唯有这样才能培养属于自己的忠实用户。只有赢得了用户的认可，所谓的“议程设置”才算有效实现，运营者的主观意志才有可能为受众所接受。唯有接受了运营者想法的受众才有可能变成用户，进而产生购买行为，形成消费习惯，最终成为叁伍壹壹城市文化街区的忠实粉丝与核心消费者。

第一，制造话题，建立共识。媒体的议程设置主要体现在选择性上，新闻事实已经发生，媒体需要选择的就是报道什么，怎么报道，给予什么样的重视程度等。而叁伍壹壹城市文化街区更多的是制造话题，不管是历史的、现在的、未来的，还是文化的、商业的、生活的，只要话题能在用户中形成共识就可以了。所谓的话语体系就是在阐释人造话题的共识属性，让这种共识合情合理地被大家接受，并经过长期、有目的、有策划的系列报道培养属于叁伍壹壹城市文化街区的虚拟人设，并将这个虚拟人设打造成一个意见领袖，带领大家在自我的话语体系里实现圈内传播。

例如六神磊磊在2013年开设专栏“六神磊磊读金庸”，一开始只是写着玩玩，没想到读者特别喜欢，后来专门开通微信公众号，经过一段时间的“议程设置”和受众阅读习惯培养，吸引了一大批忠实的粉丝，阅读量10万+的文章比比皆是。后来他出版的《六神磊磊读金庸》也受到粉丝的追捧，冲上了热销榜。类似的例子还有很多，“刘备我祖”通过文言文这种复古的话语体系写现代人物故事，也收获了不少粉丝。抖音等视频平台上的自媒体人对话题的制造能力也非常强，比如借助“鲁迅”话语风格评述当下社会热点事件的动漫抖音号“王左中右”仅仅发布了19个视频作品，就获得了15.5万的粉丝。

纵观叁伍壹壹城市文化街区现有微信公众号和视频号的宣传报道情况，其话题制造能力有待提升，并没有挖掘出自己的特色，没有把特色机制包装后呈现给用户，更没有让经过包装的特色产品成为品牌，成为建构大家共识的介质。但实际上这里不缺少特色，也有建构共识的群众基础。因此如何通过主动策划、有意而为、制造话题、有效表达、建立共识培养“虚拟人设”的引导力，是街区宣传团队需要研究的问题，更是一个亟待解决的问题，虽然没有可供复制粘贴的样本，但已有可以参考模仿的对象，当然嫁接后能否开花结果还需要实践的检验。

第二，渲染气氛，引导情绪。文字报道可以通过语言文字渲染情绪，图片报道可以通过构图、特写、细节等方式渲染情绪，视频报道可以通过画面、特效、音乐、剪辑等手法渲染情绪。这些表达手段和技巧是传播者借助事件营销、广告营销、概念营销、情感营销表达情绪的主观行为，体现在信息传播过程中就是“议程设置”，体现在叁伍壹壹城市文化街区的商业化运营过程中就是一种营销策略。类似的话语体系和宣传报道在叁伍壹壹的微信公众号和视频号里都有所体现，也在一定程度上实现了“信息圈粉”的目的，但是效果并不理想。

叁伍壹壹的微信公众号推文《成年人的世界没有什么感同身受，即便亲爹都不行》①，从题目到内容，字里行间都是在渲染情绪，将人们的记忆拉回曾经的工业时代，回忆昔日的辉煌，感慨时代的变迁，同时憧憬美好的未来。

---

① 叁伍壹壹 TFEP. 成年人的世界没有什么感同身受，即便亲爹都不行［EB/OL］.（2019－09－08）［2021－11－11］https：//mp. weixin. qq. com/s/d63CqUbUSP－z2eUqp50xDQ.

此外，通过系列报道《城市更新之“叁伍壹壹”》讲述了叁伍壹壹的前世今生，也吸引了一批有工厂生活经历和工厂生活情节的忠实粉丝，为叁伍壹壹城市文化街区的蜕变重生积累了核心用户，不少人成了叁伍壹壹城市文化街区媒介空间的“原著受众”和“忠实粉丝”，成为叁伍壹壹城市文化街区商业空间的“核心用户”和“忠实消费者”。

第三，取长补短，注重实效。制造话题和渲染气氛都是传播者主观能动性的体现，是其一厢情愿的单向传播行为，虽然借助了“议程设置”的强大功能，也有一定的效果，但是不能把它的效果绝对化。毕竟“议程设置”只强调了传播媒介的“设置”或形成社会议题的一面，没有涉及反映社会议题这一面，也没有涉及“设置议题”对社会大众影响程度的效果评判。叁伍壹壹城市文化街区所建构的话语体系在自说自话的同时还应对效果进行评估。评估方法有很多种，例如线上的阅读量、点赞量、转发量、留言数，人们在线下活动中的参与度、认可度、满意度以及问卷调查和随机访谈。遗憾的是笔者在参与式观察和对运营主体相关负责人的访谈中，得到的对评估方式的选择和对结果的分析都是否定答案，应该说经营者缺乏这方面的认知，也没有进行这方面的实践。

就微信公众号而言，阅读数、点赞数、在看数是传播效果的真实体现。为了研究叁伍壹壹话语体系的传播效果，笔者特意选择了两篇带有互动性质的文章《三五一一与抗美援朝的故事》和《全西安寻找叁伍壹壹专属“霸王花”》。第一篇文末有个互动话题：看完长津湖后的你有什么感受呢？截至2021年10月29日，评论区前50名同学可获得三五一一厂抗美援朝纪念版毛巾一条。文章阅读量1515、点赞46、在看22，精选留言49条。第二篇文章一开始就释放了互动信号：“在当下这个人人忙碌的时代，人们总在社交平台上，转发各种内容求一份好运。这一次，叁伍壹壹TFEP推出了一份‘专属大礼’，送给热爱生活的你！”文章阅读量3003、点赞65、在看14，精选留言 47 条。从这些数据可以直观地看出叁伍壹壹城市文化街区话语体系的传播效果不佳，即便有礼品相送，互动留言也很少，可想而知一般推文在受众中的影响力几何。如果传播缺乏影响力，所谓的议程设置很显然就是不成功的，“信息圈粉”也就无从谈起。

图 4－5　清博舆情指数对比

笔者为印证上述判断，于2022年2月9日通过清博指数（清博指数：通过阅读数量、点赞数量和评论数量等数据来分析微信公众号的整体传播力和影响力）查询“叁伍壹壹”微信公众号的传播力和影响力，结果显示因为“双力”太小没有收录。笔者又在同一天通过清博舆情指数对“叁伍壹壹”和营业能力、影响力、品牌知名度居于首位的城市商业综合体“赛格国际”进行对比，发现两者之间的差距很大（见图4－5），也再一次证明了叁伍壹壹在“信息圈粉”层面的不足。

二、通过概念营造创立独有IP

为了弥补“自说自话”话语体系影响力不足的问题，让影响力尽可能地辐射到更大的范围，还需要通过事件营销、营销概念、立体传播等方式创立属于自己的IP形象。这里所说的IP形象是指叁伍壹壹城市文化街区在城市商业综合体中体现出来的独有特点，在社会公众心目中表现出来的个性特征。它反映了社会公众，特别是目标消费群体对叁伍壹壹城市文化街区的评价与认知。截至2021年夏季，叁伍壹壹城市文化街区已经举办了两届的“花花大会”就是创立IP的有效设计和具体实践。

2020年首届“花花大会”邀请年轻人在叁伍壹壹城市文化街区感受20世纪50年代老厂房带来的工业氛围，在鲜花与音乐之中度过美好而奇妙的一天。在前期并未完全铺开宣传的情况下，活动当天就吸引了超10000＋人次抵达，可谓是效果理想。此外，花花大会现场随处可见衣着打扮各有风格的年轻人，能看到老工业与新风貌的对冲，能看到生活与艺术的碰撞，还能看到历史与现代的融合。从插画、印刷、设计、出版、摄影等创意艺术，到植物、鲜花、器具等商业呈现，再到咖啡、啤酒、美食等生活消遣，花花大会深谙年轻人对生活的深度感受与热爱，用最真实的现场和充满创意的内容与他们进行“面对面的交流”。在花花大会现场，能看到20位创始人跟用户进行城市更新与现代生活的分享，用户可以直面这些富有感召力的商业品牌的创始人。这里有各具风格的音乐舞台，有关于西安摇滚乐记忆的影片，这些特殊的符号都是为营造属于自己的概念而服务。从结果来看，花花大会在短暂的活动时间，以其独特魅力与号召力完成了一场精彩纷呈的艺术碰撞，开始书写老地方的新故事。

2021年第二届“花花大会”以“社区，因你更美好”为主题，带着年轻而富有活力的50多家文创、美食、生活品牌一起感受大树下的音乐会，聆听来自全国各个城市的分享会，参与有趣的运动与交换集市。60多位共建伙伴来自城市更新、社区营造、社区商业、公共艺术、公共空间等各个领域，他们将以新面貌与用户一同相聚在叁伍壹壹城市文化街区。叁伍壹壹城市文化街区还特别邀请青年萨克斯演奏家苗政四重奏、弦上莫奈四重奏、Benny、Gunknow四组活跃在西安的音乐人，从爵士律动到古典回响，让舞蹈和音乐将人带回到那个年代的三五一一厂工人俱乐部。花花大会的特展单元在叁伍壹壹城市文化街区内拥有别具特色的景观，从铺满植被的岛屿到元气满满的城市，带领用户身临其境地感受生活的美好，回应了“社区，因你更美好”这一主题。从时间的纵深上来看，第二届与第一届相比是赓续与创新的结合，是视觉的延续，抑或是活动的延续，抑或是故事化讲述的延续。

叁伍壹壹微信公众号2021年6月10日的推文在预告第二届“花花大会”相关信息的同时，借助亲身经历者口述的方式述说着一年来的变化。

> **长安一页：**“这一年过得太快，上次花花大会打了一把扇子，一转眼又是打扇子的季节了。那会儿火药书局才开始做，收获了一些

肯定，自己也自得其乐，这种乐趣首先是实现了一个小想法的窃喜，再有就是迈出了克服执着的第一步。”①

从社群到社区，重要的是人与人之间的联结，叁伍壹壹城市文化街区创立花花大会这个自有IP的初衷，是希望能联合多方面的力量，让更多年轻人的关注回到这里，并彼此产生联结。至于这个IP在受众中的传播效果，不仅依赖于IP本身的吸引力，上面提到的“议程设置”同样也起到了重要作用。因为全媒体传播时代的议程设置的一大特点就是互动性，通过设置一个议题，借助事件营销、概念营销、情感营销、让利营销等网络营销方式，外加一些丰厚礼物的眼球刺激和实惠伴手礼的真实吸引，形成线上线下参与互动的模式，为这个独有IP形象的建构和传播积累人气。

此外，一些叁伍壹壹的粉丝也会在微博、小红书等自媒体平台分享活动的盛况和感受，这些都形成了对IP形象的二次传播。第三章的数据分析可以看到，按照“标题/微博内容”对全网抓取的995条信息进行文本分析，发现“花花大会”以139次词频位列第八，信息来源也主要集中在微博和小红书。“没有什么是一束花解决不了的事情”“长安浮世万千，终不敌花花市界”“这个西安最美花市里，能干的事儿可太多了”……这些描述和点赞的文字说明叁伍壹壹创立的这个IP形象在多元化传播中已经形成了一定的影响力，这种尝试是一条可行之路。遗憾的是在信息消费的快餐时代，在海量信息冲击人们认知的媒介环境下，叁伍壹壹城市文化街区类似的IP形象的建构还是太少，不足以满足人们的多元化需求。好比红极一时的摔碗酒之于永兴坊曾经是一碗难求，现在基本上是无人问津，“花花大会”再成功也不可能一劳永逸，更不可能经久不衰，应该在做好知名IP的同时不断开发新的IP。叁伍壹壹城市

---

① 叁伍壹壹 TFEP. 去年火爆的花花大会，又来了［EB/OL］.（2021-06-10）［2021-11-11］https://mp.weixin.qq.com/s/zA9i7ozU5WOuTtamkCaK7A.

文化街区不缺资源，不缺人文历史，因此多元化 IP 形象的打造势在必行，这既是营销宣传的需要，也是自我品牌建设的需要。

三、通过公共话语建构共同认知

策划、造势、营销、圈粉说的是主观制造话题和建构话语体系，但是这些相对而言都是软性话题，对于大部分人来说一定会有吸引力，因此还必须借助公共话语建构共同认知，而公共话语空间源于公共领域理论。德国哲学家、社会学家哈贝马斯认为，所谓的“公共领域”指的是我们社会生活的一个领域。在这个领域中，像公共意见这样的事物能够形成，公共领域原则上向所有公民开放。像公共事件、新闻事件、热点事件，新冠肺炎疫情、地震洪水等自然灾害、防火防盗等社会治安案件就是公共话语空间。此外，媒体的舆论引导功能和特有的话语体系在受众认知层面形成了一个公共认知领域，而在全媒体时代建构的“信息化高速公路”上，能够非常方便地通过媒体构建的公共认知渠道表达认知和看法，以此类推形成信息的循环递进和不断发酵，从而建构起公共话语平台。叁伍壹壹城市文化街区建构的媒介空间虽然以商业宣传为目的，但也兼具媒体的属性，借助公共话语空间融入更大范围的媒介空间参与公共话题的讨论，既是社会责任的体现，也是媒介属性的体现。

第一，关注公共事件。不论什么时间，不论什么地点，不论媒介环境如何变化，人们对公共事件的关注度不低，因为公共事件是大范围的、群体性的、广谱性的，能在社会上造成广泛影响的，与每一个人的切身利益紧密相连，甚至会直接影响公民的生命财产安全。因此关注公共事件是个体、群体、组织、机构的普遍行为，是人类社会属性的体现。叁伍壹壹城市文化街区作为现代城市构成要素的重要组成部分，以正确的方法尽其所能积极参与公共事件是必要的行为表达，也是其责任和义务的体现。例如，公共场所应对新冠肺炎疫情的防控措施，爱心企业在疫情暴发后的爱心捐助等均为其参与公共事件的体现。《疫情防控，叁伍壹壹在行动》就详细描述了园区疫情防控的景象——万众一心，群防群控，疫情之下，防护为上，一群“园筑民”正在默默守护着园区的安全，筑牢一条又一条抗疫防线：每天上岗前对当班员工、商户进行体温检测，并要求全天佩戴口罩。园区各入口严格把关：顾客进入要扫码测温，需全程佩戴口罩；公共区域每天高频次全面消毒；店内、备餐区全面消杀，让顾客吃着更安心，买得更放心。类似此种简单直白的文字不仅宣传了疫情防控的积极行动及为客户服务的理念，同时也打消了顾客的疑虑。从传播效果来看可谓“一石二鸟”。

第二，紧跟热点事件。在热点事件频频充斥视线的社会环境下，今天的新闻就是明天的历史；在热点事件频频流变的媒介环境下，今天的热点就是明天的冰点。热点事件是指那些能够引起广泛关注、激发讨论热情、搅动公众情绪、产生强烈反响的社会事件，人们常说的热搜就是热点事件的一种体现形式。事件的分类涵盖面非常广，政治的、经济的、文化的、体育的、娱乐的、地方性的、全国性的、国际性的等。只要是人们关注的、能引发讨论的、产生强烈反响的都可以算热点事件，中美关系、扫黑除恶、北京冬奥会、长津湖电影、武汉疫情、郑州水灾、汶川地震、玉树地震、苏炳添速度、中国男足、娱乐明星丑闻……类似的热点事件不胜枚举，几乎每时每刻都有属于那个特定时间段的热点事件，紧跟热点事件以免在大家都谈论的事件中失语，在此过程中也会形成“沉默的螺旋”① 式的发展过程。当然并不是

① 沉默的螺旋是一个政治学和大众传播理论。人们在表达自己想法和观点的时候，如果看到自己赞同的观点受到广泛欢迎，就会积极参与进来，这类观点就会被越发大胆地发表和扩散；而发觉某一观点无人或很少有人理会（有时会有群起而攻之的遭遇），即使自己赞同它，也会保持沉默。意见一方的沉默造成另一方意见的增加，如此循环往复，便形成一方的声音越来越强大，另一方越来越沉默的螺旋发展过程。

要参与每个热点事件，而是要选择符合自己特质的事件，选择适合自己身份的事件，选择契合自己人设的事件。叁伍壹壹城市文化街区在紧跟热点事件方面也应该有所作为，例如当全国寻找工业遗址改造经典案例时，已经完成改造升级者应该积极申报；当国家明确要求西安试点“城市更新”时，先行先试者应该抓住这个热点树立典型；当街区式商业综合体成为新时尚时，应大力宣传情景式、体验式、带入式的消费理念。

图 4－6　三五一一厂抗美援朝纪念版毛巾

就叁伍壹壹城市文化街区的现状而言，其基本没有关注国家大政方针，顺应城市发展潮流，积极主动营造热点事件的意识和举措，所谓的紧跟热点事件还停留在简单的蹭热度上。例如2021年“十一黄金周”期间，反映抗美援朝战争的史诗巨制影片《长津湖》在全国院线热映，引发了广泛讨论，相关话题屡上热搜，叁伍壹壹微信公众号推出了一篇《三五一一与抗美援朝的故事》的文章，讲述了三五一一厂为抗美援朝志愿军战士赶制毛巾的场景："支援前线的时候，我们被分为了两部分。一部分是被服厂，负责加工蚊帐，因为朝鲜的蚊子多。另一部分就是毛巾，由于变成了草绿色染纱，毛巾也就改成了草绿色。我们就是靠着那40台机器，日夜两班生产了近百万条军用毛巾，工人们一心想的都是支援前线。"正如前文所述，热点事件时时存在，是多维度、多角度、多力度的，选择适合叁伍壹壹城市文化街区自身特质和发展需要的热点事件，进行深度化解析。这是一条自我形象塑造和自我品牌建构的捷径。

第三，重视舆情事件。"舆情"这个词在当下的传播语境中经常被赋予负面含义，通过"舆情监测""舆情研判""舆情处置"等这些常见的话语表达可以明显感受到社会对"舆情"的普遍认知和重视程度，特别是网络舆情传播的裂变性特征让整个社会陷入"谈舆情色变"的恐慌，尤其是政府部门、商业机构、社会组织、名人志士等在这方面表现得更加突出。从顶层设计到意识形态都在着力研究出台重大突发事件的舆情应对机制和处置办法，一些媒体机构和商业机构也纷纷推出了所谓的舆情监测系统，一套算法、一个账号、一组密码、一份报告，高价卖给"谈舆情色变"的使用方。叁伍壹壹城市文化街区同样需要重视舆情事件。就笔者通过舆情监测软件全网抓取的995条信息而言，虽然有负面信息，但还构不成舆情事件，叁伍壹壹微信公众号和视频号推文更不可能自己制造舆情事件。即便如此，对舆情事件的重视也要慎终如始，不论是媒介空间建构，还是话语体系建构，都应该具有相应的舆情事件应对机制和处置办法。在应对和处置舆情时话语的表达尤为重要，常言道"祸从口出"，因为说错话被舆论推上风口浪尖的事情不在少数。因此，在舆论风暴眼上，使用理性、善意、建设性的话语表达和符合公共认知的话语表达是最好的选择，作为商业化存在的叁伍壹壹城市文化街区更应该如此，毕竟具有民意表达特征的舆情对消费认知和消费行为有着最直接的影响。

四、小　结

媒介是传播信息的途径，语言是传播信息的载体，话语体系是思想观念的外壳，把抽象意义转化为语言符号是话语体系的生产过程，将语言符号传递给广泛的目标受众且在受众群体中形成一定的影响力是话语体系的传播过程。作为城市商业主体价值变现的手段之一，以宣传为己任的叁伍壹壹城市文化街区话语体系同样具备商业属性。我们都知道商品只有通过交换，其使用价值才能得以实现，叁伍壹壹城市文化街区建构的媒介空间所需的话语体系同样只有依靠媒介传播才能实现自己的价值。至于如何有效和高效地实现传播，前文中基本都有所阐释，当然这种认知不是一成不变的，随着社会环境、媒介形态、人们认知习惯的变化，以及叁伍壹壹城市文化街区自身的不断发展变化，所谓的传播机制也会适时发生变化。因此必须做到顺势而为、与时俱进、紧跟潮流、守正创新，不断迭代升级，建构适合自己话语体系的传播机制。

第五章
文化空间：城市文化街区的核心价值

> 一种文化会为相关社会的每一个成员保留其同时代人和先辈的经验，如果这些经验具有积极意义的话；如果它们是消极的，这种文化就会避免这些经验。文化之于社会，仿佛记忆之于个体。文化是一种储存信息的集体机制。
>
> ——罗兰·波斯纳

语言是一种特殊的文化现象，同时又是文化传播的一种方式。媒介的天然属性是传播信息的载体，媒介的社会属性是塑形文化的符号。曾经的工业文化与现在的商业文化在改造升级后形成的城市文化街区是一种与时俱进的文化符号，通过媒介空间和语言体系共赏、共建、共享全新的文化空间的艺术性，既是媒介文化研究的内容，也是城市更新背景下历史文化传承的实践。前文分析了叁伍壹壹城市文化街区的外在表现形式、传播手段和传播效果，本章主要研究它的文化内涵以及基于文化表征之上的艺术呈现、功能呈现和商业化表达。

第一节　共享“叁伍壹壹”的艺术空间

叁伍壹壹城市文化街区在建构自己物理空间形态的过程中，对外呈现出来的是一种艺术形式：建筑设计是一门艺术，室内布局也是一门艺术，形象设计更是一门艺术，所有的艺术手段通过特定物理空间的形态分工、布局与结构等形成独具特色的文化空间。叁伍壹壹城市文化街区在建构自己文化空间的过程中赓续独有的工业文化，建构城市街区文化，嫁接现代商业文化，在规划自己、建构自己、塑造自己、表达自己以及自我传播的过程中尽可能地展现其文化属性，并以此为核心要素把文化空间建构成一个富有工业内涵和精神特质的载体。因此，对叁伍壹壹城市文化街区艺术空间的分析是文化研究的前提和基础，建筑空间、公共空间和商业空间是文化空间的物质呈现形式。

一、“叁伍壹壹”的建筑空间艺术

不管是城市街区还是建筑个体，首先是一个经过设计、改造、更新的建筑群，是以建筑工程技术和工程设计理念为基础的造型艺术，通过空间实体的造型结构安排、文化内涵赋义和相关艺术手段的结合实现自我艺术品质的提升以及与周围环境艺术的有机融合。“埏埴以为器，当其无，有器之用。凿户牖以为室，当其无，有室之用。故有之以为利，无之以为用。”中国先哲老子智慧地表达了空间与实体的辩证关系，经过一系列艺术手段建构的物理空间需要实用与审美结合。从苏式建筑风格的老旧厂房到现代化的城市文化街区，叁伍壹壹城市文化街区按照“微更新轻改造”的原则，在建筑物空间形制构造上达到物质空间与文化空间的统一，通过对工业遗迹建筑的二次开发利用与更新改造，创建一个以社区服务为主，融合生活配套服务与文化体验空间的复合型商业中心。因此，每一处构造出的艺术空间都反映了工业与城市、历史与现实、商业与文化关系的处理美学，一个又一个构造出的艺术空间最终形成叁伍壹壹城市文化街区文化空间的艺术系统。

空间是建筑独有的艺术语言，具有巨大的情绪感染力。坐落在叁伍壹壹城市文化街区的浆木咖啡店就是一个非常典型的艺术空间。苏式建筑厂房的工业化设计留下来的是一个不到30平方米的梯形空间，不规则的空间布局要求在艺术设计上引入解构主义理念，通过降低天花板使整个空间的平面构成的比例变得更舒适，“丢失”的空间又被分割成三块形状不同的区块，将其放置到室内以打破原有的秩序，改变空间原本平淡的立体结构，从空间上让四米多高的三角形厂房结构成为一个富有艺术设计感的舒适空间，为咖啡店的文艺气息奠定了基础。同样是饮品，不同的品牌有其特有的艺术范式，不同的空间艺术呈现形式给消费者带来的体验也是不一样的，浆木咖啡店的网红特质源自精心的艺术化空间设计与现代化的文艺追求。

建筑是某个历史时期社会文明的象征，是某种社会文化得以传承的空间载体之一。酸梅汤对陕西人来说就是一种有历史、有文化、有情怀的饮品。相传慈禧在八国联军入京时来到陕西，坚持要喝酸梅汤，派人去太白山取冰制作。就是这样一种历史悠久的大众饮品，如何通过艺术设计匹配它与叁伍壹壹城市文化街区的文化品质，如何在不到30平方米的物理空间内承接传统文化，如何在独特的后工业化城市街区实现现代化的商业诉求，需要精心规划布局和建筑设计，也需要别出心裁的艺术表达。经过对老旧厂房“微更新轻改造”而成的唐壹壹酸梅汤店虽然只有不到30平方米，但最终呈现在消费者面前的构造空间依旧具有独特的文化艺术气息：在这里砖既是空间的基底，又是一种空间的符号，三种砖的有机组合共同建构了一个微型场域的文化空间。两侧的外立面是老青砖与玻璃砖，使用的每一块砖都是从陕西各地老房子里拆下来的老砖。这些被时光眷顾过的老砖带着岁月冲刷的痕迹凸显时间沉淀之美。被嵌入的玻璃砖是埋在老砖里的点睛之作，零星点缀的透明方块使灰调的外立面看上去灵动轻盈。此外，室内的透明质感完全显现，多重组合的透明光斑让置身其中的消费者有一种奇妙的体验。空间内侧的一面墙使用的不是老青砖，而是新的青砖，造型上采用类似积木叠加的堆砌方式，使墙面呈现出与外立面完全不同的质感，肌理更显立体。门头上两个精致的小牌匾别具特色，以锈板做表，灯管做里，营造出镂空的层次，整个空间的门和窗由仿铜不锈钢包边，相比于银色的拉丝不锈钢，仿铜色更复古，与青砖搭配加深了历史的纵深感。

当然，经过微更新的物理空间有精品，也有瑕疵品，叁伍壹壹城市文化街区里也有很多不尽如人意的地方，有形制构造艺术表现欠佳的案例。建筑形制构造艺术形象具有特殊的反映社会生活、精神面貌和经济基础的功能，而三五一一厂的生产实景、时代背景、生活场景、经济盛景、精神图景都具有非常强的标志性，不论是直接沿用还是改造升级，有太多能够表现其军工背景的元素可以呈现，特别是军转民后还在生产销售的品牌毛巾以及相关产品。虽然其影响力已经不能与昔日相提并论，但既然打出了“复活年代记忆”的历史标识，就应该最大限度地引入相关元素，保留一些曾经的生产场景，让人们在感受叁伍壹壹文化街区的同时，还能感受到曾经三五一一厂生产的场景，参与毛巾的生产过程，将参与式体验与消费行为相结合，实现具象的形制构造艺术与抽象的情感表达艺术相结合。

二、“叁伍壹壹”的公共空间艺术

从“三五一一”到“叁伍壹壹”是一个老旧工业厂区蝶变重生的过程，在这个过程中首要完成的是物质空间的二次建构，当然还有本文前面所分析的媒介空间建构和本章所涉及的文化空间建构，以及后面要分析的生活空间重构。就城市空间本身的物质载体而言，所谓的建构就是规划、设计、建造三位一体的综合反映。叁伍壹壹城市文化街区在二次建造的过程中最大限度地保留了超大厂房、超高挑高、超低密度等空间特色，将室内结构的改动降到最小，表现形式上提取“线”这一元素，呼应项目原址纺织工业背景，将工业时代遗存下的制造设备改造为艺术装置，实现与城市更新的统一，达到与周围环境的协调。

从单体的建筑结构来讲，叁伍壹壹城市文化街区更多是一种形制构造艺术，但是每一个建筑的艺术表达都是人们主观意识作用于三五一一厂客观实际的体现，是经过人们思辨与赋义的创意性呈现。建筑从诞生之日起便作为人类生产生活的环境出现，任何建筑物都不是孤立地存在，都处于一定的客观环境之中，是一个融合时间、空间、自然、人文和相关门类艺术于一体的综合性系统工程。因此，从街区所属的建筑群体概念出发，建筑群体是一个富有艺术性的公共空间，是由若干幢建筑通过排列组合组成的，摆脱偶然性而表现出一种内在联系和必然性的组合群。这些建筑群体中各个建筑的体量、高度有章法、有层次、有节奏，建筑形体之间彼此呼应、相互制约、互为依托，讲求实效性与艺术性的统一，外部空间既完整统一又各具特色，通过一系列建筑学的手段构成完整的体系，内部空间和外部空间和谐共处。

行走在叁伍壹壹城市文化街区所建构的文化空间里，一系列不同的建筑、空间和艺术的呈现使人的情绪发生一系列变化，历史记忆、大院生活、现代时尚、闲情消费等构成了一种整体的视觉享受和情感体验。叁伍壹壹城市文化街区所承载的建筑群体的艺术感染力比起某一个单独的建筑单体而言更加强烈、更加深刻。曾经以整体厂区的形态对外呈现的三五一一厂所属建筑尤其重视群体组合，经过改造后的叁伍壹壹城市文化街区所属建筑群的艺术性内涵更丰富。

叁伍壹壹不再是注重实用性的生产空间，也不应是以消费为单一目标的城市商业空间，其自我标榜为一个城市文化创意空间，目前对外呈现出来的特征也有文化创意空间的影子。当然距离完全意义上的城市文创空间还有一定的差距，而叁伍壹壹的文创空间未来是什么样子，目前还难以确认，毕竟践行的城市更新理念在变，所处区域的周边环境在变，街区自身也在不断发展变化，目前只是在顺应社会潮流的自我发展中摸索前进。因此，叁伍壹壹城市文化街区的空间艺术只能在已经进行改造的过程和正在进行的规划设计中寻找。

很显然，不论改造还是规划，都注重在保留原有记忆和情感的基础上融入当代元素、功能和诉求，实现老厂房的重新活化是艺术命题也是商业命题。毕竟不是所有的老旧厂房都能通过改造化腐朽为神奇，更要看可塑性和市场的差异化，毕竟这不是单纯的文化展示和历史传承，更不是建造博物馆，成本核算和商业价值实现是需要着重考虑的因素，因此在街区施工过程中“就地取材”成为常规操作。针对历史遗迹的保存现状设计规划建设硬件设施，从融合生活配套服务与文化体验空间的复合型社区商业入手，既要保留建筑价值的最大化，还要最大限度保留厂区自由形态生长的树木。在场景感知上基于原有的苏式厂房结构的天然动线①进行大量尝试，从视觉、听觉、嗅觉和味觉等多个维度提炼整个街区的趣味性、文化性、艺术性，从而实现空间艺术设计与功能实现相结合，让商业性为艺术性买单。例如，在一层与二层的结构衔接上设有多处景观过渡，尤其是B区与C区之间的折角形楼梯，恰好在室外天井中与空中步道相连，使人行走在园区内也能时刻感受到天气变化，也愿意在城市空间里感受透明屋顶下阳光沐浴的花市，从而实现商业引流和引导消费的目的。

---

① 动线是建筑与室内设计的用语之一，意指人在室内、室外移动的点，连接起来就成为动线。

城市更新、改造提升、商业价值、时尚符号……空间艺术在发展的过程中不断融入现代文化，不断丰富其表现形式和内在品质，并向多元化的方向发展。只有富有文化内涵的公共空间艺术，才能够提升空间的氛围和品位，只有在空间设计艺术中注入文化要素，才能创作出具有丰富文化内涵和艺术感染力的空间。不论是单体建筑还是建筑群体组合，叁伍壹壹城市文化街区作为一个与时俱进的城市商业空间，强调文化属性、重视休闲消遣、意在用“舒适感”留住参观者与消费者。这里不是“千楼一面”的城市商业综合体，不是精神苍白的现代化商业写字楼，雄厚的工业背景是这里的艺术内涵，城市生活气息是这里的品质追求。为了营造工厂大院的整体氛围和生活气息，为了延续民洁路早市原有的市井烟火气，为了满足周边居民需求而打造特色化集市，叁伍壹壹城市文化街区在一层聚集菜市场和美食业态，从民洁路早市到叁伍壹壹米禾集市，虽然仅仅一门之隔，但给人一种时空穿越的感觉，从现代城市生活穿越到工厂大院生活。这种穿越符合大部分逛早市市民的认知和情感，因为有时间逛早市的一般都是年龄比较大的市民。他们的认知或者经历中或多或少有工厂大院的影子，这种借助城市现有的公共空间建构独特的公共空间艺术是叁伍壹壹城市文化街区实现自我更新与商业价值的关键要素之一，也是叁伍壹壹“就地取材”营造城市公共文化空间的独特之处。此外，叁伍壹壹城市文化街区通过建立社区博物馆，收集展示大量的生产工具，讲述老厂职工过去的故事，同时联合西安美院公共艺术系完成公共艺术项目的创作和落地，让历史性与艺术性、商业性与文化性形成统一，共同丰富这个特殊文化空间的艺术形象。

三、“叁伍壹壹”的商业空间艺术

叁伍壹壹的商业属性决定了建筑空间艺术和公共空间艺术的商业追求，叁伍壹壹城市文化街区艺术空间最终是以商业空间呈现出来，没有商业价值的实现，所有艺术追求都是纸上谈兵，没有延续性和生命力。因此，这里的艺术空间应该是文化艺术空间与商业艺术空间的叠加，商业艺术空间搭台，文化艺术空间唱戏，文化艺术空间是表现形式，商业艺术空间是本质追求。这种双重价值属性的艺术空间建构比单一属性的艺术空间建构要复杂，毕竟城市商业综合体是在白纸上规划商业艺术，相对而言受到的羁绊比较小，可以“随心所欲”地去展示各种有利于商业价值实现的表现形式。历史文化遗迹保护是在原有的基础上修修补补，相对而言可创新的地方比较少，只要尽可能地还原历史文化遗迹本来的艺术魅力就可以了。而叁伍壹壹城市文化街区要的是历史延续性与现代商业性的统一，这对老旧厂区更新提出了难题，也是项目成败的关键所在。

从空间布局的角度来看，叁伍壹壹城市文化街区为了连接民洁路早市的商业气息，吸引每天第一波潜在的客户进入园区，在一楼特意设立了别具特色的米禾集市。作为民洁路早市的延伸，米禾集市共设置了50余个摊位，涵盖了蔬菜、水果、鲜肉、豆制品、粮油、熟食等品类。此外，集市还组合了餐车小吃、海鲜加工、便利店等业态。在商品定位上，米禾集市坚持平价原则。例如，招商过程中签订协议保证同类型海鲜产品的定价较盒马鲜生低20%，这种兼顾周边区域居民消费能力和消费需求的初衷，再加上平价且更具烟火气的环境能够吸引主流生鲜客户群体。米禾集市集零售批发于一体的消费模式吸引了早市上的目标用户进入街区，再以现代城市里相对罕见的室内空中花市为突破口引导用户深入街区，通过多个方向的电动扶梯和直梯将深入街区的客户直接引入二层，为二层的商业主体引流。此外，二层商业主体的空间布局也别具特色：不规则形状的混凝土屋顶之上的双层真空覆膜起到了很好的保温隔热作用，而墙面的对称开口又保证了必要的空气流通，同时全天采光完全无需灯光照明，井田阡陌式的动线引导着深入街区的用户在里面穿梭。

从历史发展的角度来看，空间设计艺术与文化的结合是人类精神需求的必然产物。文化总是不断地融入空间设计之中，而艺术经过文化发展而来，已经潜移默化地融入了所处时空的文化，也就是说艺术是时代文化融合的产物。在叁伍壹壹城市文化街区有通过手绘涂鸦、公共装置和转角构件致敬三五一一厂时代的记忆片段，有花鸟鱼虫市场、草坪、树木和墙体绿植组合而成的公园式休憩场所，有文化体验、工业体验、消费体验等带来的强烈沉浸感，有新旧建筑、新旧都市文化所带来的反差，这些共同刺激着人们的求知欲、探索欲、消费欲和购物欲。因此，在业态配比上，叁伍壹壹城市文化街区将一层打造为创意水族区和品牌主题商业区，建筑外围兼顾文创花艺和生活美学体验，文化创意零售沿南侧主入口一字排开，引入一些辨识度高，自带流量且较为前卫的品牌，营造外部形象。具体来看是选择了居民日常高频消费的泡馍、烧烤、米粉、咖啡等门店，在此基础上还选择引进了知名度较高的品牌，以此打造园区的“品质感”。比如登上过央视《回家吃饭》栏目的“孙天才牛肉油糊馅”，有40余年历史的“刘信牛羊肉小炒泡馍”等。事实上，在商业空间艺术的展示过程中，除兼顾“接地气”与“品质感”外，叁伍壹壹城市文化街区也在通过差异化的业态布局来满足不同年龄段、不同消费能力的用户需求，扩大客群覆盖范围。一方面，叁伍壹壹打造了丰富的业态组合，消费者可以找到烘焙咖啡、烧烤酒吧、泡馍面食以及生鲜花卉等不同产品。这既满足了周边居民的日常就餐需求，也满足了居民的休闲聚餐需求。另一方面，在同一业态上叁伍壹壹也引入了不同类型的品牌。以酒吧为例，叁伍壹壹共有5个酒吧，分别涉及精酿啤酒、啤酒超市、红酒会所等。同样的，叁伍壹壹还引进了茶百道、介茶、火星情报局特饮站等价位不同的新茶饮品牌。

显然，城市空间艺术在这里不仅是一种表现形式，也不是单纯的艺术性展示，而是文化空间的核心组成部分，这里的文化空间既要连接过去，还要连接更多的未来，在老厂房中营造“过去”与“未来”的时空交织感，通过时空交织感吸引观者来这里感受不一样的城市文化、街区文化、空间文化、商业文化。精致文艺的建筑空间、自由交互的社交平台、温暖贴心的服务、人人可参与的活动和包裹着人情味、生活味的消费场景，让那些慕名而来的消费者，在这里获得了远超想象的趣玩体验，这就是叁伍壹壹商业空间艺术所期望达到的最高标准，也是努力的方向，至于能否成功还有待时间的考验。

四、小　结

作为曾经中国最大的毛巾厂，叁伍壹壹有着浓厚的工业遗迹特色和传统的生活记忆，在后工业时代的城市化进程中周围也新建了不少商业小区，历史与现代的结合不仅构筑了市井生活的底蕴，更带来了接连不断的人流。因此，从三五一一厂到叁伍壹壹的更新过程中，建构了独具特色的建筑构造艺术、街区文化艺术、商业呈现艺术，通过艺术空间营造传承历史记忆的同时带来符合现代人便利、新奇、网红消费、个性消费的商业体验，兼顾旧与新，也兼顾了老人、小孩、年轻人对美好生活的共同需求。从建筑设计、空间营造、品牌打造、业态格调、居民喜好、商家需求等一系列角度出发形成“组合拳”，让曾经刻下美好记忆的街区重新焕发人文魅力，加速片区的商业活力。再加上城市微更新理念的不断实践，社区商业政策的不断凸显，市场消费数据的不断增长，老旧厂区的蝶变重生与城市微更新同频共振，商业前景与日常生活所需几乎同步，这座包豪斯风格的老厂房嫁接新商业而成的城市文化街区正在寻求艺术性与商业性的统一。

第二节　共赏“叁伍壹壹”的文化内涵

艺术空间更多是从物理空间进行分析，是文化空间得以存在的载体。那么到底什么是“文化空间”？1998年，联合国教科文组织颁布的《宣布人类口头和非物质遗产代表作条例》中明确将人类口头和非物质文化遗产划分为两大类：一是各种“民间传统文化表现形式”，包括语言、文学、音乐、舞蹈、游戏、神话、礼仪等民间传统文化表现形式；二是文化空间，在该条例中，“文化空间”被指定为非物质文化遗产的重要形态。① 2005年，我国国务院办公厅《关于加强我国非物质文化遗产保护工作的意见》之附件《国家级非物质文化遗产代表作申报评定暂行办法》第3条关于非物质文化遗产分类界定中，把“文化空间”作为非物质文化遗产的一个基本类别，并定义为“定期举行传统文化活动或集中展现传统文化表现形式的场所，兼具空间性和时间性”。② 很显然，“文化空间”是一个特定的概念，是保护非物质文化遗产领域的一个专有名词。但是人类学意义上的“文化空间”是一个相对宽泛的概念，首先是一个文化性的物理空间，是一个特定的有形的文化场所；其次，这个特定的文化场所里面，有人类的活动或生活，有特定人群“在场”。③

为了方便将“文化空间”概念引入“叁伍壹壹”文化街区进行相关研究，本文在遵循上述两个概念内涵和外延的基础上，结合叁伍壹壹城市文化街区改造提升过程中历史遗迹保护和文化空间建构的具体实践进行城市文创空间

---

① 宋才发. 论人类口头和非物质文化遗产保护的法律规定［J］. 湖北民族学院学报，2004（6）：17－22.

② 国务院办公厅.《关于加强我国非物质文化遗产保护工作的意见》. 国办发〔2005〕18号.

③ 向云驹. 再论“文化空间”——关于非物质文化遗产若干哲学问题之二［J］. 民间文化论坛. 2009，（5）：5－12.

赋义，对“文化空间”的概念进行针对性的界定：首先是一种承载和展示某种文化的特定场所，兼具时间性和空间性；其次是城市空间的重要组成部分，是物质空间、社会空间、人文空间以及媒介空间的有机组合体；最后是文化遗产研究领域“文化空间”概念外延的扩容。在这里作为一种表述遗产传承空间的特殊概念引入，“可以用于遗产类型所处规定空间范围、结构、环境、变迁、保护等方面的，因而具有更为广泛的学术内涵”。① 叁伍壹壹城市文化街区不仅是一个物质空间，更是一种文化空间的建构过程，其活力和生机必须是来自真实的历史传承，而不是刻意设计和过度美化的，这个“重生”的街区得以有效运行，依赖的是历史的、工业的、城市的、商业的和富有活力的文化元素，是历史与现实的结合，不是人为可造就的，更不是凭空虚构的。

一、工业文化的选择性传承

老旧厂房是城市文化的重要记忆符号，是一座城市发展变迁的历史见证，在历史文化、经济社会、建筑美学、城市更新以及人们对城市的记忆等领域都具有重要的价值，同时也是城市文化延续的“金山银山”，是促进城市有机更新的重要载体和宝贵的资源。对老旧厂房的保护利用作为城市转型发展和文化建设的重要组成部分，不仅保留了城市工业遗迹和城市文化特色，而且成为城市新的文化聚集地、创新源和新地标。在推动城市微更新和区域经济发展的同时，还要重视城市人文艺术色彩，提升城市文化魅力，通过文化延续给城市赋予情感和灵魂。叁伍壹壹城市文化街区作为三五一一厂复活重生的杰作，首先能感受到的是工业文化的影子，只是这些工业化符号随着时间推进和

---

① 王东林. 文化空间与遗产保护［J］. 群言，2018（4）：3.

政治、经济、城市、环境以及人类社会的变化，不再适应当前社会发展的需要和人们的认知，但是这些工业遗迹所传承的稳定的文化内涵，因其历史性、传统性、标志性以及可识别性而备受欢迎，特别是国家层面推行“城市更新”的政治环境和当前城市历史文化街区繁荣的社会环境，为其选择性传承提供了良好的外部环境。现在要做的就是让原本适应某一特定历史时期的工业文化适应新历史时期社会发展的需要，让原有的历史空间经过改造升级后适合新的服务对象。例如，从三五一一厂到“叁伍壹壹”的改造提升就是工业文化的选择性传承过程，让那些顺应现代城市规划和市民消费需求的内容得以更新。在这个改造提升过程中，许多具有特定历史文化符号意义的建筑元素和物质载体以及现场感极强的厂区、厂房、仓库等工业遗迹获得了传承迭代的优势。

一是规则文化。工厂首先是工作的地方，工作就要遵守与之相适应的规则和纪律。这种管理规范经过长期实践和强制执行已经变成了行动自觉，特别是流水线的生产过程要求每一个环节都要按照规章制度行事。这既是生产纪律，也是工作方式，更是一种程序化的工厂文化。不论是厂区规划、厂房建设、建筑设计、机器分布，还是人们的工作时间、工作内容、工作方式、工作成果等，都是规则文化的外在体现，特别是浸润于心的行动自觉已经成为一代工人的自我认知和日常行为习惯，甚至已经内化成为人处事的方式。因此，主打工业文化的叁伍壹壹城市文化街区首先要注重规则文化的传承。首先，规则的物理空间为规则文化的传承奠定了基础：从三五一一厂到叁伍壹壹的改造提升过程，基本保留了原有的建筑遗迹，厂区、厂房、仓库、烟囱、老树……所有的工业元素符号基本上悉数保留，新形态、新业态、新状态都是以原有的空间构成为载体；其次，规则的物理空间让规则文化深入人心，即便是没有工业化生产和生活经历的人，通过老一辈的讲述、文字描写、影视镜头等途径多多少少都涉猎过相关内容，因此只要来到叁伍壹壹城市文化街区都能或多或少感受到工业文化的影子。厂区布局明确显示这里曾经是灯火通明的生产车间，老旧机器明确显示这里曾经是流水线生产的一环，经过改造后形成的三角形花市空间布局就是工业遗迹的符号化呈现，老旧苏式建筑风格在新城市商业空间里就是规则文化的典型性体现。当然，改造有成功之处也有不少败笔，物质环境的规则性与人文环境的规则性应该相辅相成、相得益彰、相互成就，目前所谓的规则文化基本体现在硬件设施方面，但是软件方面还有很多不足，例如工业背景下的规则文化还体现在人们的穿衣打扮等外貌方面，由"绿色""蓝色""灰色"演变而来的"绿领""蓝领""灰领"都是现在"打工人"的符号。但叁伍壹壹城市文化街区里缺少这些容易勾起人们记忆的颜色符号，没有把工厂的规则文化传承到极致，也没有将工业化背景的特色发挥到极致。或许一般的受众感受不到这种不协调，但是有过这样生活经历的人能够体会到其中的"别扭"。在参与式观察与深度访谈中，6位老年人都提到这样的问题，其中一人是三五一一厂的老员工。他认为这里的商业化气息过于浓厚，只有老建筑还能看到一些昔日的影子，别的地方都已经是完全意义上的商场，人们的衣着打扮和精神面貌根本看不出来一点儿工业文化的影子，只保留了工业文化的外表，没有把工业文化的魂留下来。

二是群体文化。工业社会和农业社会最大的不同是生产方式差异，农业社会是手工生产，工业社会是大机器生产。机器生产的特征就是流水线和明确的分工，有分工就得有协作，一个工厂就是一个分工协作的组织，从建筑物到工人，每一个要素都是这个组织中的组成部分，按照工业生产的需要有机地排列组合形成稳定的群体，整体呈现出群体文化属性。每一个组成部分所共有的特征是在群体发展过程中逐渐孕育形成的，个性被群体特征所掩盖，逐渐融合形成群体文化，所以群体文化不仅具有独特性，而且对个体具有很强的影响力，个体属性依存于群体属性。比如每一栋苏式建筑即便再有特点，经过联排式布局以后，首先能感受到建筑群体的特征，无论是曾经的三五一一厂还是现在的叁伍壹壹街区，建筑呈现上依然是以群体的特征出现，这种联排式的厂房布局就是叁伍壹壹城市文化街区群体性文化的核心和标志。当然，群体文化也受其所处环境的影响，曾经的工业化背景和如今的商业化背景不同，一度流行的大拆大建的城市化进程和如今的城市微更新理念也不同，因此群体文化的外延也在发生着变化。在外部环境潜移默化的影响和自身发展动力的双重作用下，群体文化在不断地自我更迭与推陈出新，更何况每个群体皆有其生命力和价值观，若彼此互动的机会愈多，彼此之间的影响也会越大。因此，从群体与其所处环境的互动情形还可预测群体文化的发展方向，但叁伍壹壹城市文化街区在群体文化的选择性传承方面基本没有体现，至于未来的发展方向似乎也不明显。

三是邻里文化。邻里文化应该算是工业文化的附属品。一座工厂就是一个小型社会，工厂大院里生活的人们既是同事，也是邻里，这里的邻里文化是通过邻里关系与工业厂区连结的内外有机统一的社会共同体。1929 年，美国社会学家 C. A. 佩里首先提出 “邻里单位” 的概念，邻里单位内配置商店、教堂、图书馆和公共中心。1933 年，《雅典宪章》 把 “邻里单位” 原则作为居住区规划的基本思想。至 20 世纪 60 年代，邻里单位理论逐渐发展为社区规划理论，根据错综复杂的社会生活内容将住宅区作为社会单位加以全面规划。新加坡 “邻里中心” 的思想就是来源于 “邻里单位” 理论，但又在其基础上密切结合城市社区的特点和时代发展的需要。邻里社区是新加坡新型社区的基本特征。叁伍壹壹城市文化街区既是一个城市街区，又是一个邻里社区中心，在借鉴新加坡先进公共管理理念的基础上，结合三五一一厂厚重的历史和现代城市更新的商业开发理念，通过对工业遗产建筑的活化设计与更新再造，创建一个以社区服务为主，融合生活配套服务与文化体验空间的复合型社区文创中心。同时，城市街区的兴盛也是邻里文化传承与发展的表现，以前工业大院都是熟人社会，相互之间没有陌生感，彼此之间经常入门串户，互通有无，关系融洽，但是现代化的城市商业社区是陌生人社会，邻里之间基本上不相往来。很多人传统认知中的交往方式变了，原有的生活方式变了，原有的社会关系被各种商业性小区的生活方式打散了，以前三五成群、结队上下班变成了与陌生人挤公交地铁，或者独自驾车来回。在这样的社会背景下，大家需要新的交往空间，而街区这种城市形态、建筑形态、商业形态符合了这种新的交往需求，于是城市街区空间形式应运而生，叁伍壹壹城市文化街区就是顺势而为诞生的城市商业综合体，这里涵盖生鲜超市、生活零售、餐饮、咖啡、烘焙、花卉、亲子、书店、展馆、杂货、周末集市及其他创新商业形态，同时搭建了一个亲民、利民、便民的具有独特文创基因的平台，是一个贯穿全新消费理念的文化艺术型场景式社区。

二、城市文化的商业性表达

如果说叁伍壹壹的前身是工业文明的集合体，那么它现在就是现代化城市文明的集中化体现，同时还体现着特有的商业性文化符号，因为它不仅是城市街区空间，还是一座现代的街区式商业综合体。前文分析了叁伍壹壹结合三五一一厂的军工背景所进行的工业文化选择性传承，这里着重探讨的是经过改造提升后的城市文化街区的城市文化表达。关于城市文化的定义主要有两种思路，其一是从文化的定义推理演绎，例如台湾学者张丽堂于 1983 年援用了泰勒关于文化的经典定义，将城市文化定义为人类生活于都市社会组织中，所具有的知识、信仰、艺术、道德、法律、风俗，和一切都市社会所获得的任何能力及习惯。① 其二是从城市本身的特征出发进行定义，例如《中外城市知识辞典》中提到城市文化包括物质文化和非物质文化两个方面，前者属物质的或有形的器物用品，如城市建筑、园林、教堂、公共文化娱乐设施、交通工具等；后者则为社会心理、价值观念、道德、艺术、宗教、法律、习俗以及城市居民的生活方式等。②

在叁伍壹壹城市文化街区里，所谓的城市文化应该是指那些有着工业背景和工厂情结的人们在改造三五一一老旧厂区和经过改造升级后的叁伍壹壹城市文化街区的对象化活动中，所共同创造的文化认同感。当然这种文化认同感离不开城市微更新的大环境和西安城市规划的布局，也离不开市民生活消费需求的满足和个性化追求的实现，更离不开自我商业价值的实现。所以说，叁伍壹壹城市文化街区把城市文化和商业文化叠加在一起，其中商业文化是核心内涵，城市文化是表达方式，城市文化将商业文化的赋义进行具体化、形象化、可视化、效果化的呈现。因为在这里没有商业化就没有存在的价值，没有价值就无从谈起城市化，没有被城市化的老旧建筑在现代的城市化进程中也只有被淘汰的结局，因此城市文化的商业化呈现是叁伍壹壹城市文化街区的核心所在。

城市文化的商业性表达主要体现在社区商业形态的建构。和其他的商业形态不同，社区商业延续了邻里文化的某些内涵，注重情感、体验、社交等方

---

① 刘合林. 城市文化空间解读与利用——构建文化城市的新路径［M］. 南京：东南大学出版社. 2010（8）：178.

② 刘国光. 城市设计与城市形象［Z］. 中国城市年鉴. 1997（11）：721－722.

面的价值。老人、小孩、年轻人是社区的基本构成，不同人群有不同的消费需求，叁伍壹壹城市文化街区可以满足老年人希望跟人沟通交流的心理，又能给小孩提供充足的户外游乐空间，其中更不乏年轻人钟爱的趣味性、探索性小店，在满足不同人群、不同生活方式和个性化爱好的同时，也潜移默化地打通了各个年龄人群的消费壁垒。加上旧工业建筑的宜人氛围、更新后的场景营造、公共空间的功能设置，使得不同年龄层完全可以在这里相互交流、学习和互动。年龄层的打通意味着不同家庭的打通，单身、两口之家、三口之家，甚至三代之家，不同的家庭所处阶段的需求也借此得以满足，菜市场不再是老年人的专属，柴米油盐也可以成为年轻人美好生活的体现。

城市化的商业性表达还体现在自我价值的实现。当前环境下，消费者生活节奏加快，对于购物效率的要求不断提高。因此，他们对社区周边商业以及线上购物的依赖程度加深。近景化的社区商业中心正在逐步取代大卖场、大商超，服饰美妆等业态线下消费占比下降，意味着以餐饮、生鲜为主的社区商业需求增加，而且叁伍壹壹城市文化街区周边人口密度大，但是相对于老城区而言，寸土寸金的高新开发区相关生活配套设施不是很完善，社区商业市场存在空白。

运营公司在叁伍壹壹城市文化街区项目落地实施之前进行了深入的调研。调研数据显示：周边1公里内有15万常住人口，3公里内有32万常住人口，而且该区域多以居民小区为主，庞大的人口基数带来的是巨大的消费需求，但该区域的综合性购物中心及休闲场所相对匮乏。这种市场供需矛盾为其商业价值的实现提供了可能，可以说叁伍壹壹城市文化街区的出现可谓顺应“天时”，而从区位因素来看，叁伍壹壹的社区商业改造也极具“地利”优势。此外，叁伍壹壹城市文化街区布局了以花市鱼市为特色的独立业态，相较于商超、餐饮、生鲜业态，花鸟鱼虫市场的辐射范围更广，有效扩大了这里的服务客群。更何况由于西安市市政规划的需要，近年来拆迁了包括秦美、雁锦在内的多个花鸟市场，这一市场供需矛盾又为其独特性、品牌性商业价值的实现提供了基础，这一背景加上园区整体升级的市场环境使叁伍壹壹城市文化街区吸引了一大批优质商户入驻。从上述角度看，叁伍壹壹布局餐饮、生鲜业态，打造居民休闲空间可谓顺理成章，也是其自我可持续发展的内核所在。当然，只有商业性的可持续发展才能保证城市文化的延续，没有了商业化的根基，城市文化也就不复存在。

三、时尚文化的多元性写意

前面探讨了工业文化和城市文化，也梳理了工业化传承和商业化发展，在这里基于现代商业属性浅析一些有关时尚文化的内容。什么是时尚？什么是时尚文化？对于这两个问题的回答，在文化研究领域还没有一个非常明确的界定，大部分情况是通过概念解释概念，大家普遍认为的时尚文化“是社会文明与进步发展的产物，是指在一定时期的社会大众内部产生的，某种特定物质形式、思想观念、行为方式、生活方式等的流行现象。它的产生以特定历史时期的大众心理需求为基础，同时它在传播与更迭中改变着大众的生活方式与价值观，总体而言时尚文化具有新颖性与时代性的特征”。[①] 不论曾经的历史多么辉煌，不论改造的过程多么曲折，叁伍壹壹城市文化街区如今作为一个相对新颖的城市商业综合体需要时尚气质。当然这里所说的时尚不仅仅是表面的流光溢彩，还得符合当下大众的心理需求和情感需求，不仅要建构商业价值实

① 庞瑞丽.当代大学生时尚文化的新形态分析［J］.明日风尚，2017（6）：1.

现途径，还要注重历史与现实结合，既要激发令人们愉悦的记忆，还要勾起人们无法回归过去的痛苦体验。只有形成多元化的矛盾冲突才能让不同感受在内心相互作用并形成强烈的反差，为了弥补这种反差才会不断找寻可以实现平衡的支点，而这个支点在时间的长河中早已不在，只能在现在和未来的生活中偶遇。因此，叁伍壹壹城市文化街区在营造时尚文化的概念时就应该有这方面的意识并辅以行动，但目前是缺乏这方面的深层认知的，对时尚的界定还是停留在声光电的外在呈现、时髦概念的打造、流量活动的举办。当然不是说这些举措不好，从媒介传播的角度讲这些方式非常有必要，但是从文化内涵的角度讲缺乏灵魂，让人感觉叁伍壹壹城市文化街区是一个华而不实的文化空间，只能走马观花不可仔细品味。当然，这仅仅是对叁伍壹壹城市文化街区整体文化素养的感知，其中还是有很多值得品味的文化底蕴，前文分析艺术空间时提到了不少。再比如布局在沿街的陕拾叁（首个糕饼家生活店）、孙天才牛肉油糊馅（西安首店）和浆木咖啡，一个主打中式糕点的新吃法，一个自带港范儿，用揉，擀，拽，卷等最原始的手工艺呈现西北的独特美食，另一个是以“木浆”原料制作外带纸杯，落实简约与环保的咖啡馆，既讲究，又不乏小清新。与此同时，阿记烧烤城市旗舰店打造了极具工业风的用餐场景，与周边颇为火爆的夜市一较高下。从洒金桥走出的刘信牛羊肉小炒泡馍和地道的来七湖南米粉也都选择这里进行美食文化的传递。而 NANA 1788 与 Bar Jack-pot 777 等年轻的空间与生鲜超市这两个看似完全不同的品类，在叁伍壹壹城市文化街区实现同框，以咖啡、酒、音乐为介质，提供了多元化的社交、分享、交流场所。米禾生鲜首个线下米禾集市凭借超长营业时间和强大的供应链为周边居民提供全天候购买新鲜食材的场所，具有“工业风”的街区空间为周边市民提供了生活和消费的场所。

与时尚文化相配套的还有一个词叫“网红文化”，从某种意义上讲可以看成是时尚文化在社交媒体领域的代名词。如果说国内外一线大明星是作为时尚标杆而令追星族膜拜和效仿，那么当下的网红是作为粉丝的朋友被追捧。他们通过在抖音、视频号、快手、小红书等当下最流行的社交媒体上分享自己的专业知识和亲身体验，再加上专业话术和即兴表演，潜移默化地影响粉丝们的认知、选择和行为。因此，无论是个人、机构，还是商业主题都非常热衷网红文化，因为网红就是流量，流量就是金钱，而且网红吸金的速度已经超出了人们的认知。例如，“带货一姐”薇娅因为涉嫌逃税，罚款就高达13.14亿元。[①]据媒体报道，2016年5月，薇娅才正式成为淘宝直播的一名主播，四个月后引导成交额便达到了1个亿。[②]从起步到被罚款的5年多时间里，薇娅已经实现了从带货主播到网红的转变，各种名号头衔可谓纷至沓来。很显然，像薇娅这样的网红具有强大的“圈粉”“吸粉”“固粉”“转粉”能力，就如同品牌知名度、美誉度、忠诚度一样，但是比这“三度”更绝的是其能直接依靠粉丝的数量和购买力实现商业变现。这是大家追捧网红文化的核心所在，叁伍壹壹城市文化街区自然也不例外，工业化为其提供了稀有性资源，城市化为其提供了受众性资源，其在自身发展的过程中也策划了一些具有网红潜质的活动，打造了一些属于自己的独立IP，例如花花大会、专属表情包等。叁伍壹壹第二届花花大会还邀请了诸多活跃在城市不同地方的大咖，带来互动性极佳的市集体验，现场画面刷爆了社交平台。花花大会下的叁伍壹壹城

---

① 2021年12月20日15时56分，新华社发布消息《薇娅偷逃税被罚》，文章称，淘宝直播头部主播薇娅因在2019年至2020年期间偷逃税款6.43亿元，其他少缴税款0.6亿元，被浙江省税务局处以追缴税款、加收滞纳金并处罚金共计13.41亿元的处罚决定。

② 消费日报网.带货女王薇娅viya刷新自己保持纪录，单日总引导成交额超6亿元［EB/OL］.（2020-10-13）［2022-1-4］http：//www.cnr.cn/rdzx/cxxhl/zxxx/20201013/t20201013_525294392.shtml.

市文化街区成为活动中必打卡点位之一，两天内有超过七万人次到访，60多个来自西安的年轻品牌，6场城市分享，2场露天演出，共同围绕一个主题：社区因你更美好。按照运营方的说法，已经举办了两届的花花大会，将花市鱼市与城市街区有机结合，获得了巨大的成功，打造了一个专属的品相级网红概念。运营方也在着手分析红极一时的原因，试图从粉丝经济、网红经济、分享经济的层面解释，一场为期两天的特色社群活动为何能吸引这么多来自城市四面八方的年轻人。不过，也要深思网红文化的发展规律，网红文化在很多时候都是昙花一现，流量经济的可持续性有待考量。因为网红文化虽具有廉价、迅捷、高效的优点，但也受边际效用递减规律的影响，存在各种各样的问题。因此，叁伍壹壹城市文化街区在利用“网红文化”实现商业价值的过程中要尽可能地寻求可持续发展之路，当然这仅仅是一种理想状态，实践情况还有待历史性与现实性的考量，有待文化价值与商业价值的考量。

时尚文化是追求，网红文化是手段，消遣文化才是目标。消费是人们为满足生产和生活需求所产生的购买行为，消遣是人们为了寻找感兴趣的事来打发空闲和消闲解闷的行为。首先，如今的城市消费不再是单一的偿付行为，也是自我陈述与表达行为，是综合的消遣过程。因此，布局在高楼大厦里的城市商业综合体逻辑在很多时候已经不再适用，楼宇之间的壁垒逐渐被打破，新商业街区、新商业模式、新商业形态和老厂房、老街区、老社区每天都在欢迎着拥有不同目的的人群，旧与新的碰撞每天都在发生，打造能够满足全年龄段消费者需求的商业业态很有必要。尤其是在这两年的新冠肺炎疫情之后，针对居民刚性需求的实惠、便利、灵活的社区商业价值更加凸显。因为社区商业是以满足社区居民日常生活为主的配套型商业，也是与人衣食住行最接近、停留时间最长的生活单元，是不可替代的“刚需”，非常符合现代家庭的理想生活状态：下楼就能送孩子上兴趣班，家门口就有咖啡厅、餐厅、酒吧接待到访的朋友，周末不用开车，走几步就能满足买、逛、玩的需求。因此，叁伍壹壹城市文化街区不仅要规划好一座特殊的工厂的商业化重生之路，还需不断适应市场竞争，对消费者喜好的变化迅速作出反应，更新优化线下服务设计，突出场景体验特性，创造充满人文气息与艺术魅力的复合型社区商业中心。其次，从街区商户的角度来看，相比于体量庞大的城市级购物中心，社区商业投资成本低、成熟周期大大缩短，在对抗环境不确定性上更具优势，而且社区商业已经成为未来商业发展的一片蓝海——社区商业在欧美已占60%以上，但在中国目前的占比不足30%，预计2030年国内将形成约2万个新社区商业。中国社区服务也将进入万亿级市场，预示着社区商业即将迎来黄金发展的十年。[①] 此外，年轻人对品质商户的要求越来越高，因此越来越多“小而美”的社区业态是商户和消费者的共同选择。叁伍壹壹城市文化街区追求商业品牌调性的同时，也强调柴米油盐与艺术空间混搭，既有“精致”和“时尚”的餐饮、咖啡、烘焙、亲子、书店、展馆等业态；也有进行空间、主题、场景变迁的花鸟市场；更有浓浓“烟火气”的生鲜超市、生活零售、米禾集市。

四、小　结

对于城市而言，文化是它的灵魂，也是最重要的软实力；对于商业而言，文化是它的特色品质，也是最核心的竞争力。文化为城市带来生命力和

---

① 国家统计局的数据显示，2017年房地产开发企业住宅施工面积达53.6亿平方米，按照住宅商业配套最低比例10%计算，未来社区商业施工量至少达5.36亿平方米，这个体量换算为具体数目，预计到2030年，国内将形成至少2万个新社区商业。

创造力，商业创新为城市不断构想未来，文化与商业融合将影响城市的未来，城市文化街区既是一种商业模式，也是文化选择性传承的符号化存在。只是这种兼具历史性、现代性、时尚性的多元文化空间比较复杂，其内涵和外延涉猎面广泛，工业历史遗迹、城市微更新理念、现代商业模式、时尚文化培育等不仅需要在这里有所体现，还要形成一条系统化的适合自我的可持续发展之路。因此，对叁伍壹壹城市文化街区来说，文化空间建构的过程只有起点，没有终点，只有在坚持厚重工业文化的基础上不断推陈出新，不断满足城市化进程要求，不断适应消费者日益变化的需求，不断满足作为商业综合体可持续发展的诉求，不断满足城市文化街区自我迭代的追求，并在这一系列过程中建构共赏的艺术空间和共识的文化空间，才能建构共享的情感空间。与之对应的是，只有在共享的情感空间里，文化艺术气息才能得到升华。

第六章
记忆空间：城市文化街区的情感建构

> “记忆的形式涉及的是集体自传性记忆和集体语义记忆的无意识的、非目的性的方面。尽管它们不是有意识的，但是，基于隐性记忆的集体回忆行为却是与文化表达方式联系在一起的，无论是图像象征还是集体行为方式。”
>
> ——阿斯特莉特·埃尔

叁伍壹壹城市文化街区文化空间建构的归宿是情感空间，目的是实现由外界环境向每个人心灵内化驱动，使得身处其中的人产生工业文明和工业文化带来的情感共鸣。然而，即便是有相同的工作和生活记忆，记忆在每个人情感中保存的痕迹是不一样的，经过沉淀和再现后催生的情感很容易受个人因素影响，是一个非常主观的、注重自我感受的心理表达。叁伍壹壹城市文化街区在情感空间的建构过程中必须凸显共同记忆，营造共同交往，通过共同记忆和共同交往的辅助，尽可能实现情感空间的共享。在这个共同的情感空间里，只要承载共同记忆的历史遗迹符号依然存在，就不需要人为制定什么规则，只要给它适度的空间尺度。当然这里的尺度不仅仅是物理空间的尺度，更应该是文化的尺度、媒介的尺度、符号的尺度、感知的尺度，甚至是情感的尺度，只要与其特有的历史性相得益彰就是最好的呈现方式。同时还要给它适宜的环境氛围，让身处其中的人们自发地丰富这个文化空间、记忆空间、情感空间，使叁伍壹壹城市文化街区成为一个充满人情味的邻里交往场所和情感表达场所。本章主要分析叁伍壹壹城市文化街区记忆空间建构的实现路径，以及在共同记忆作用下的共同行为、共同情感、共同生活方式。

第一节　从个体记忆到集体记忆的实现路径

美国建筑大师柯蒂斯·夏福禄认为，真正的城市空间并不存在于大楼之间，而是存在于人们值得记忆的体验中。城市街区作为城市历史发展的缩影，是城市空间构成的基础单位，是赓续文化根脉与传承创新发展共同作用的产物，是记录城市变迁与承载人们记忆的有机统一体，而记忆体验最终带来的是情感震撼。因为记忆和感知器官的工作是一样的，在人们感知到外界中的东西并让自己的心灵参与其中时，是一种根据事实想象的工作，在人们记忆这个想象时也需要去感觉，只不过不是在外界中去感觉，而是在自己的内心深处去感觉、体会跟自己情感已经融为一体的符号。而这种符号到底是什么。奥地利教育家、哲学家、艺术家鲁道夫·斯坦纳认为，这里的符号就是情感的范围，具有高兴、痛苦、乐趣、烦恼等的情感是“能保存下来并保留”某种想象，记忆就是人们去感觉某种接受过的想象而产生的情感。① 工业文明是记录

① Rudolf Steiner's Conferences with the Teachers of the Waldorf School in Stuttgart, Volume One, 1919 - 1920. Gabert, Eric. Steiner Schools Fellowship Publications. 1986.

时代变迁的文化符号，工业文化是挥之不去的历史记忆，镌刻了几代人的生活记忆和情感印记。

一、共同的记忆

工业场景、工厂记忆、大院生活从来都是一代代中国人所拥有的不可磨灭的集体记忆，文学作品、艺术作品、影视作品中经常会上演有关画面，在国家层面、社会层面、个人层面经常会提及相关的内容。在这些记忆符号的引导下，那些尘封已久的工厂情景会浮现在人们眼前，在不同个体和群体之间勾起相同的集体记忆。对于这种集体记忆的理解，法国历史学家、社会学家哈布瓦赫认为它的关键在于社会群体成员之间共享"往事"，保证集体记忆传承的条件是社会交往。① 所谓的"往事"就是三五一一厂曾经辉煌的历史，所谓的"共享往事"就是回忆以三五一一厂为代表的工业文明。工业文明在人类社会的发展历程中具有举足轻重的作用，既是近现代社会形成的核心推动力，也是近现代社会成型的重要标志。特别是新中国的工业化之路镌刻了好几代人不可磨灭的记忆。所以说经过对三五一一这个老工厂进行改造升级而成的叁伍壹壹城市文化街区具有追忆集体记忆的厚重历史和文化积淀。同时，叁伍壹壹城市文化街区也给人们传承集体记忆提供了可以进行"社会交往"的物质空间、媒介空间、文化空间和情感空间。

影响每一代人集体记忆的主要是他们的生活经历，然而既使人们之间的经历相同，对相同经历的记忆也不尽相同，个体记忆是非常个人的，容易受到自身成长因素的影响，例如记忆力、认知力、感知力、人生阅历、生活环

---

① 莫里斯·哈布瓦赫. 论集体记忆［M］. 毕然，郭金华，译. 上海：上海人民出版社，2002（10）：189.

境、情感经历等。因此，每一段集体记忆都需要得到特定群体的支持，但不可能被所有有共享“往事”诉求的人接受，因为社会交往形式的变化和媒介环境的变化，正在改变着集体记忆的传承模式。例如曾经最主要的传承方式是靠电视、报纸、广播、书籍等大众传播媒介描述工业时代的集体记忆，是经过策划、加工、赋义、释义等一系列主观行为呈现出来的一种选择性的书写模式。而移动互联网和智能手机的广泛使用使普通人获得了充分的话语权，能够主动绘制个人和群体的历史面貌和现实状态，集体记忆由此被带入大众书写的时代，每个人都可以再现曾经的“美好记忆”，也可以共享“昔日往事”。

例如不少再现“三线记忆”的自媒体近几年非常活跃。他们以文字、图片、视频等方式在各自的平台上书写着当年为祖国“三线建设”抛头颅、洒热血的年轻人。他们来到了大山深处修建战备铁路，用顽强的毅力与热血青春完成了祖国赋予的任务，经受了人生的历练，留下了难忘的记忆。有人回忆的是自己，有人讲述的是别人，还有人通过艺术的手段再现了当年的工作生活经历，当然也有人在对别人讲述经历的跟评中表达自己的认知，这些都是一个个有着相同经历的普通人纪实性地共享“往事”的一种表达方式。在叁伍壹壹城市文化街区所建构的媒介空间里，以微博和小红书为主的自媒体平台上也有很多讲述共同体验的文字图片甚至视频，不少人通过共享“往事”建立起了一代人甚至是几代人的集体记忆，而这种集体记忆对于叁伍壹壹城市文化街区来说是建构情感空间的内在因子。只可惜外在符号的刺激机制目前尚未完全形成，因此在很多时候仅仅是受到了时空记忆中很小一部分群体的认知、感知和交流，对大部分人来说只是一晃而过的某个电视镜头，或者某个感人的片段，算不上完全意义上的集体记忆，也无法实现情感共鸣。

叁伍壹壹城市文化街区在共同记忆的营造方面存在问题是可以理解的，更何况以商业价值的实现为主要目标的运营主体，目前还触及不到如此深层次的理论认识，更不可能有什么付诸实践的举措，不过从理论上讲这个问题是有解的。哈布瓦赫特别强调了集体记忆是可以被建构的，这说明它是可以被人为干预的。大众媒介通过“议程设置”引导受众对周围世界的“大事”及其重要性进行判断。叁伍壹壹城市文化街区作为媒介空间也可以通过“议程设置”影响人们对“往事”的记忆和情感追溯，建构一代人或者几代人的集体记忆，将那些私人空间认知和情感转为公共情感空间的集体记忆。有关高考的集体记忆建构就是这方面的典型，在主流媒体构建的集体记忆中，高考成了“青春”“奋斗”“努力”“追求”“成功”“梦想”的代名词。但是与这些宏大的正面刻画不同，自媒体时代大众建构的高考集体记忆既有不尽如人意的遗憾，也有壮志未酬的失落。可以说微博、微信、抖音、B站等社交媒体通过大量个体的高考记忆文本的汇合编织了一幅更加真实且富有情感的高考记忆，让每一个考生的形象更加丰满完整，让更多人能从中找到自己的影子，在影子中回忆曾经的青春岁月，这种共同记忆才能产生更多的情感共鸣，实现群体共享。

叁伍壹壹城市文化街区完全可以借鉴这种逻辑，通过符号引导提供某种建构集体记忆的可能性，让人们实现共同记忆空间的自我塑形，通过情景设置提供某种再现集体记忆的可能性，让人们实现共同情感空间的自我迭代，从而实现个体在集体记忆影响下自我记忆产生的可能性。这种个体记忆是集体记忆的重要组成部分，同时又会受到集体记忆所书写的共享“往事”的影响。不过对于商业主体而言，集体记忆和情感是一个相对的概念，是一种潜在的影响力，是一种文化内涵的体现，而个体记忆和情感才是会促使消费行为产生的内生动力，但是个体的差异性使得每一个记忆和情感难以产生直接影响。因此只有通过集体记忆的建构才能实现间接影响，落实到具体的营销策划过程中，需要做的事情很多，需要硬件系统和软件系统、运营体制和管理体制、策划机制和宣传机制的配合。

共同记忆是一个开放性系统，叁伍壹壹城市文化街区的二期尚在开发中，但就目前街区的发展现状和商业运营情况而言，这种共同记忆的建构确实面临着很大的问题，商业氛围正在一点点吞噬着工业符号。那些能够勾起工业回忆的视觉元素正在被现代商业元素所代替，比如游戏机和儿童游乐场，与周围的环境形成了巨大的反差，不仅影响了整体性感知和系统性认知，更重要的是通过空间叙事制造共同记忆的能力被极大地削弱了。

图 6－1　街区中成列的儿童游戏机与宠物展柜

二、 共同的情感

对于这一研究话题，《心理学大辞典》给出了明确的界定：“情感是人对客观事物是否满足自己的需要而产生的态度体验。”从三五一一厂到叁伍壹壹城市文化街区的蝶变重生，就是为了实现城市文化街区功能的二次建构，解决老旧厂区在城市更新大背景下无法提供当前市场需求的问题，从而产生新的态度和体验，实现情感的满足。

首先，从个体情感满足到群体情感满足的实现过程就是共同情感的建构过程，而共同的情感和共同的记忆其实是相辅相成的，共同情感与共同记忆具有协调一致性，共同情感是共同记忆在生理上产生的一种较复杂而又稳定的评价和体验。即便密集的城市商业住宅区拔地而起，繁忙的早市和围绕在厂区周边的居住格局与生活方式仍然保持着一定的原有活力，对那些仍然生活在三五一一厂区附近的老职工来说，旧厂房连同这片城市文化街区是一段城市发展与个人命运共同演奏的交响曲。城市人在到处寻找“乡愁”，有共同工业记忆的人们可以在这里寻找“厂愁”。虽然“厂愁”不像“乡愁”那样普遍，不可能辐射到每一个人，但是对人们的影响还是不小，在有工厂经历和体验的群体中的影响力和感染力还是很强大的，更何况“厂愁”也是工业化进程的产物，也是工业时代的“情感”符号。

其次，情感是人们满足需求的心理工具。三五一一厂为这里留下了工业文化之魂，叁伍壹壹城市文化街区试图经过改造升级再现这种文化之魂，借助文化符号勾起人们共同的记忆，激发一代代寻找“厂愁”的人们的共同情感，同时又嫁接了现代城市商业街区的功能，最终只为满足不同人的情感需求。因此，对于这种共同情感的追溯是叁伍壹壹城市文化街区文化空间建构的核心，也是情感空间建构的关键，至于具体实现途径只能在可持续地探索中寻求系统化之路，贯穿于物理空间、媒介空间、符号空间、情景空间、文化空间、情感空间的建构过程中，而且随着人们的需求变化、外部环境变化、心理认知变化以及自我的变化而调整，同时受经济学边际效用递减规律、供需市场调节规律、需求层次结构规律等因素的影响，还受到政治层面国家政策、城市规划、社会发展等因素的影响。因此，叁伍壹壹城市文化街区对于“共同情感”的追溯可以说是一个持续不断的迭代过程。

最后，情感能激发心理活动和行为动机。情感是行为的内驱力，而行为是叁伍壹壹城市文化街区价值实现的终极目标。不论是前文所说的物理空间、媒介空间，还是这里的文化空间、情感空间，其核心不是以工业遗迹保护为主，不是以城市媒介传播为主，也不是以工业文化传承为主，更不是以满足人们的情感诉求为主。叁伍壹壹城市文化街区不是博物馆、不是主题公园、不是文保单位，而是一个具有工业背景和工厂特色的城市商业文化街区。上面描述的这些方面都是城市商业综合体为实现其商业价值的手段，建构一系列空间的终极目标是让人们在此产生消费行为，最好是持续的消费行为，而情感能直接激发人们的心理活动和行为动机。然而，就目前叁伍壹壹城市文化街区的呈现状态而言，对于身在其中的人们来说，除了满足购物需求之外，还有记忆、情感和“厂愁”的收获，这就是它的文化价值所在，也是它区别于其他商业综合体的灵魂所在，只是运营者在这方面做得还不够深入，未来道阻且长。

三、共同的交往

物以类聚，人以群分，共同的情感是人际交往的重要手段。交往是出于共同记忆、共同情感、共同活动的需要而在人们之间产生的相互接触的过程。例如，有别于现代化商业小区邻居隔门不相往来的现状，大家在三五一一时代的工厂生活状态下有着共同的交往经历，茶余饭后来到院子里三五成群聊天、打牌、下棋，地点一般都在厂区里空间相对大一点儿的公共区域，形成了一个自然而然的共同记忆和共同交往空间，也培养了共同的文化、思维和情感。如今的叁伍壹壹城市文化街区就是要返璞归真，建构这种共同的记忆空间和共同的交往空间，让那些有“工厂情节”和“厂愁”的群体，有“工厂认知”和“工厂印象”的群体以及或多或少接触过“工厂文化”和“工厂生活”的群体尽可能地找到适合自己的心理归宿，获得这方面的情感满足。

马克思认为交往是人类的必然伴侣。其实，交往不仅仅是伴侣，还是影响人类认识过程的重要因素，是认识世界和改造世界的前提，是实现人类社会自我更迭的先决条件。首先人们通过交往实现信息共享，并在信息共享的过程中产生新的信息，交往过程中产生的新信息在再次交往中又形成更丰富的信息，以此类推形成了人们有关自然界的认知，并且在认知过程中试图改造自然，从而推动了人类社会不断向前发展。一方面，从三五一一厂到叁伍壹壹城市文化街区的改造提升过程离不开各种信息的交往，离不开信息和创意的迭代升级，这些都为叁伍壹壹城市文化街区的多元化空间建构和多方位功能实现创造了条件。另一方面，叁伍壹壹城市文化街区也为人们实现共同交流提供了场所。借助工业化符号这个共同话题，人们不仅可以找到很多共同话题，还能勾起不少共同的回忆。在聊天与回忆中调节自身的认知、想法、活动，还可以调取和接收有相同经历的群体成员的记忆和情感，最后在这个子群体中形成趋于相同的动机、目的、思想、规划、认识、决策、行为等。一个个子群体在交往过程中经过不断相互调节，使群体共有特征越来越明显，最后形成一个相对而言具有复合性的群体，并形成趋同的群体特征、群体认知、群体活动、群体情感。这一个又一个富有共性的群体就是叁伍壹壹城市文化街区的核心目标消费群体。他们因为“厂愁”的情感诉求走进叁伍壹壹城市文化街区，因为“交往”形成的共同行为来到叁伍壹壹城市文化街区。因此比那些单纯为消费而来的个体对这里更有感情，而感情是消费行为的内生动力，是品牌知名度、美誉度、忠诚度得以实现的核心要素。

综上所述，创造共同的交往空间是叁伍壹壹城市文化街区满足用户情感诉求的重要手段之一，也是用户钟情于叁伍壹壹城市文化街区的核心吸引力之一。然而，就现有的资源、情景布局、文化传承来说，叁伍壹壹城市文化街区在这方面做得还远远不够，花市鱼市虽然客观上实现了一定的共同交往功能，但花市鱼市与其本身的工业气质并不十分匹配，仅仅是处于区域市场的差异化和独特化运行而采取的一种商业价值实现手段，或许从物理空间建构和城市商业营销的角度看是成功的，但是从叁伍壹壹城市文化街区整体文化空间的建构角度看，局部的亮点无法弥补整体的缺陷，这里依旧是以现代商业为主，缺乏对工厂文化和大院生活的再现，缺乏对那些富有时代感的工业生活情景的选择性传承。当然这仅仅是一种理论上的存在和理想的状态，具体到实践中还要受到很多因素的影响，特别是商业行为对投资成本的控制以及即时效益的追求，直接左右着对文化空间的建构和情感空间的拓展，这对共同交往的实现起决定性作用。

不论理论能否变为现实都应该看到理论分析的意义和价值，毕竟交往是人的情绪状态的重要决定因素，最终表现为反应、冲动和行为。而人的情绪都是在人们交往的条件下产生和发展起来的，交往是刺激情绪的手段，交往的程度决定着情绪的强度和水平，情绪的波动也是在交往过程中动态变化的。而叁伍壹壹城市文化街区缺乏刺激情绪的整体符号识别系统，这一缺失不仅影响了共同交往的话题信息和记忆符号，而且削弱了已有的相关的共同话题和记忆群体的共同感觉。换句话说，这方面的不足导致的结果是双重负向影响，不仅没有培育好新的目标客户，还影响了核心目标客户的获得感和满足感。因此，叁伍壹壹城市文化街区的文化传承、记忆共享以及情感共鸣必须建立在共同交往的基础上，必须搭建共同交往的情景空间、记忆空间和文化空间。

四、小　结

交往对个人来说是一种心灵的沟通，对企业来说是商业贸易的灵魂，对社会来说是推动进步的关键。叁伍壹壹城市文化街区作为时代变迁的符号化存在，它的发展离不开社会发展的推动，自然也少不了共同交往的助力。同时叁伍壹壹城市文化街区作为城市商业综合体，在交换产生价值规律的作用下，少不了对现代社会交往方式的研究。人们与商业综合体之间的交往、人们彼此之间的交往、商业综合体之间的交往等，都是商业价值实现的前提，也是用户情感培养的手段，更是情感空间建构的核心要义，也是叁伍壹壹城市文化街区文化传承的时代性表征，更是用户消费需求和心理需求得以满足的重要保证。反过来讲，只有用户的需求获得了超过预期的满足，叁伍壹壹城市文化街区的商业属性才能更好地展现出来。就目前的情况而言，叁伍壹壹城市文化街区在文化传承上还仅仅停留在表象，停留在对工业遗迹的简单保存和工厂仓库的改造利用上，即只停留在物质层面，没有挖掘、阐释、再现其文化内涵和精神价值，没有给予废旧工业遗迹文化之魂和时代记忆，因此在情感空间的营造上缺少引发共鸣的东西，甚至可以说在一定程度上也对某些群体原有的情感共鸣产生了消减。

究其原因，首先是过分注重多元文化，为了满足当代人，特别是年轻人的诉求运用了一切可以为我所用的文化类型。虽然从表现上看带来了一些流量和效益，但最终造成了文化混乱的局面，即便是有一些老工业文化的影子，也很容易淹没在商业文化、网红文化以及时尚文化中，不能呈现出原有的特色。其次是对工业文化传承缺乏深层次的认知和系统性规划。也正是因为认识缺陷导致重视不够，同时也是因为要实现当下的投资回报，所以没有进行长期系统性规划。笔者在与叁伍壹壹城市文化街区运营公司负责人的深度访谈中获悉，首先，运营团队中缺乏具备这方面知识的人才，领导层面也没有认识到这方面的重要性；其次，老厂区的租赁期限只有20年，从前期改造到一期运营已经投入了不少资金，因此短期回本压力特别大，再加上运营时间有限，所以没有太多的考虑，也没有时间和精力对其进行投资和规划。综上所述，这种借助文化传承之名却没有文化传承之实的现状是叁伍壹壹文化空间建构过程中存在的最大的问题。

第二节　从共同记忆到共同行为的感觉结构

英国文化学家雷蒙·威廉斯认为，文化在最基础的层面上是“一种特殊的生活方式”。为此，文化分析需要把握一个社会的文化在某个特定时期里稳定的结构性存在，即“感觉结构”。[①] 叁伍壹壹城市文化街区里是否有这样一种稳定而明确的结构性存在，并在其特殊的空间结构中体现出来，是本章要研究的重点，同时本章节也是叁伍壹壹城市文化街区文化空间建构研究的结论部分。

“感觉结构”可以说是一种共同经验或者集体经验，一种特殊的生活感觉被集体传承下来，也就是本文一直强调的因工业化而形成的共同的文化、共同的记忆、共同的情感、共同的交往以及共同的生活方式。通过前文对物理空间、媒介空间、文化空间、情感空间的浅析可以看出所谓的“感觉结构”在叁伍壹壹城市文化街区有一定体现，虽然在某些方面还存在缺陷，但这不影响对其进行整体性的分析与阐释，通过前期铺垫最终回归到社会生活空间重构

---

① Williams, R. Politics and Letters, London: Verso, 1981. p. 164.

这一结论性分析上。

无论是城市更新还是文化传承，无论是媒介空间建构还是商业街区打造，无论是共同记忆追求还是共同情感追忆，最终都要通过生活空间的重构得以实现。这个生活空间不再是昔日的三五一一厂，也不是单纯的现代化城市商业综合体，而是工业遗存与现代商业的结合体，是全新的市民休闲消费中心，主要为了满足周边居民的消费需求和人们的情感需求。同时又是城市产业升级的文化创意驱动中心，不仅有全新的生活方式，还有创新驱动下的生产方式；此外还是一个场景沉浸式的文化体验中心，毕竟三五一一厂工业文化是叁伍壹壹城市文化街区商业文化在观念形态上的反映。简而言之，叁伍壹壹城市文化街区社会生活空间的重构就是在城市更新背景下实现从老旧厂区到城市街区的蝶变重生，并基于改造升级后的城市街区物理空间实现消费、消遣、办公、休闲、社交、生活的无缝对接，重塑街区中的人际关系与产业网络。以工业文化传承为驱动内核，以城市文化街区为创新载体，形成文创园区、工业遗存、公共空间互为补充的产业载体格局，打造西安顶尖地标性文创科技产业园区、全国首家军需企业改造升级的示范样板和国际一流的文化旅游消费体验生活空间，积极与街区相融，推动产城融合，以便满足那些有共同“厂愁”和工业文化追求的群体的情感诉求，以便实现从“情感结构”向“感觉结构”“生活结构”的过渡。

一、共同记忆下的情景空间

工业记忆在城市化进程中逐渐消失的现实形成了人们情感上的鸿沟，而城市更新背景下工业文化的选择性传承架起了弥补情感缺憾的桥梁，于是像老钢厂、大华·1935、西影厂、叁伍壹壹城市文化街区这样以工业文化符号为核心的“情景空间”在西安遍地开花。当然这里的“情景空间”是一个多维度的概念，既包括三五一一厂区原有建筑遗迹建构的工业文化空间——“景域”，也包括叁伍壹壹城市文化街区建构的功能性商业文化空间——“样态”，还包括老旧工业文化符号和城市商业文化符号共同建构的媒介空间——“场域”，还包括以满足人们共同记忆下的情感需求和共同刺激下的行为实践为核心目标而建构的社会生活空间——“情境”。因此，叁伍壹壹城市文化街区作为以承载城市文化街区和城市商业街区共同功能为己任的空间形态，“情景空间”建构的初衷是为消费者创造一个共同的休闲消费空间、记忆追溯空间、情感交往空间、话题闲聊空间，使大家能够产生一种情感共鸣的满足，能够感受到昔日工厂生活的美好记忆。综上所述，叁伍壹壹城市文化街区是共同记忆下的情景空间，只是对外呈现时更多表现为停留在表面的符号化存在，缺少赋义与赋情的成分。

基于共同文化的情景建构是一种通过符号表征、场景表现、文化表达等方式迅速调动情感的一种手段，其核心是感受、想象与表达。感受是基础，想象是桥梁，表达是实现方式。首先，叁伍壹壹城市文化街区最大限度地保留了厂区的原貌，未对厂区的主体建筑作出调整，其改造的重点在于将挑高极高的厂房隔出了二层区域，通过这一举措最大限度地保留了厂区的“工业风”，同时还保留了一些废弃的机器设备、标志性建筑大烟囱以及复有年代感的树木，为了让大家感受不一样的氛围。其次，叁伍壹壹城市文化街区还专门建设了三五一一厂博物馆，梳理了厂区发展历程，强化园区的历史文化属性，同时在街区入口处用巨幅墙面展示了工业生产时期先进人物的先进事迹。不论是博物馆还是人物事迹墙，虽不能完全再现当年的生产场景，但可以唤起人们无限的想象，每个人都会根据这些符号寻找自己内心深处的“工业风”，或许是来自三五一一厂的记忆，或许是来自别的工厂的记忆，或许是来自文学作品和影视作品的记忆，通过这些有形的东西激起了无形的想象。

此外还有一个很重要的方面就是表达，所谓的情景空间建构就是工业文化的表达技巧。通过叁伍壹壹城市文化街区所体现出来的各种媒介符号表现时间、空间、物质、实在、虚拟等事物背后的共同文化、共同记忆与共同情感，让怀有工业记忆和工业情怀的人们找到情感寄托，并为实现的情感满足买单，这是叁伍壹壹城市文化街区社会生活空间重构的前提条件，也是商业价值实现的必备条件。没有这份记忆装饰的叁伍壹壹城市文化街区就是一个缺少情感寄托和文化涵养的商场，和其他的城市商业综合体没有区别，大家自然在这里感受不到空间上的认同感。因此老旧建筑本身的文化记忆和工业遗迹的连续性价值不仅是一种视觉上的连续性，还是一种文化记忆的连续，对人们建立文化认同感延续有着重要的意义，对叁伍壹壹城市文化街区这个特定场所及身处其中的个人的相关记忆都具有符号意义。这种对工业历史遗迹的情感诠释有助于明确其现代商业价值与历史文化价值的关联性，并赋予其城市街区的空间含义。对这些承载共同记忆的工业历史遗迹经过改造提升再现历史，而历史又构成了人们理解生活的时代基础，在这个再造的情景空间里寻找“厂愁”就是要唤回曾经的工业时代记忆，以及无法重回过去工厂生活体验的遗憾。当然，再造空间毕竟不是复原，对每一个工业遗迹都存在着“景域”“样态”“场域”“情境”的认同，而认同本身具有发展变化的连续性。这种连续性既有来自外部环境的，也有来自认同者自身的，毕竟人是社会的人，社会是人的社会，因此必须用发展的眼光来审视共同的记忆和情景空间的建构，注重普遍性与特殊性、历史性与功能性的统一。

二、共同媒介下的文化空间

怀旧是中国人永恒的文化乡愁，乡愁是对故土人文的怀旧，重视文化传承，延续历史文脉，让城市在发展过程中始终“留住记忆”“记住乡愁”

已经成为社会共识，寻找每个人内心深处的“乡愁”已经成为解不开的文化情结。如果说几千年的农业文明形成了浓浓的乡愁，已经成为一种深入人心的情感寄托，那么几百年的工业文明改变了人们的生产生活方式，后工业时代的“厂愁”同样作为一种难以忘怀的情愫，是对工业文化的追忆和“乡愁”文化的延伸。为了满足这种所谓的怀旧需求与文化追忆，叁伍壹壹城市文化街区在原有的“工业风”基础上建构了以工业文化符号为媒介的媒介空间和文化空间。

在叁伍壹壹城市文化街区建构的媒介空间里，不管是存在于街区的物质媒介符号，还是微博、微信、视频号、小红书等媒介平台，都不仅仅是信息传播载体，已经成为文化空间的重要组成部分，直接决定着媒介符号的意义和空间的价值存在，特别是移动互联网和智能手机应用程序带来的媒介革命开创了全新的人类交往方式和社会生活方式。很多时候应该说不是人在使用这些媒介，而是这些全新的媒介在使用人，已经成为人们生活的重要组成部分。例如，准备去叁伍壹壹城市文化街区消费前，先打开小红书看看“圈内人”的体验和分享已经成为不少年轻人的习惯，就好比进实体店购物时随时比对网上的价格。很显然，当人们长时间使用这些新型媒介时会形成对它的依赖，而且这些媒介在竞争过程中尽可能地利用一切手段稳定老用户、发展新用户、培养潜在客户，算法推荐、智能搜索、效率引擎、区块链技术、云技术等推陈出新。这些媒介不仅对人的身体形态进行仿效，还能模拟人的身体机能和感知，在所谓的智能化技术推动下还能建构人们的认知；与之相对应，个人判断能力会受到媒介技术催生的“智慧推荐”的挤压。与此同时，在以信息技术为驱动的先进生产力和全媒体塑形下的生产关系的演化过程中，人们的现实生存环境也在不断地被各种媒介重塑，人们的生活方式、文化认知以及审美趣味也在发生转向。

例如，微信已经成为人们生活交往的重要桥梁，抖音已经成为人们娱乐消遣的主阵地，今日头条已经成为人们获取信息的主要渠道，小红书已经成为人们分享体验和展示自我的重要平台。生活与媒介之间的边界已经非常模糊，先进技术驱动下的媒介已经成为“人的延伸”，而且媒介从人体“延伸”出去的过程也是媒介不断自我更迭的过程，更是不断获得独立性和自主性的过程，特别是一些新型媒介在自我更迭的过程中会按照自己的发展规律和运行机理对用户产生作用，并以独特的方式反过来制约和影响人们的认知。因此，人们长此以往就会按照这些新媒介所规定的框架和感觉方式来感知周围的环境，来认识叁伍壹壹城市文化街区所建构的文化空间，并根据自身受影响的程度做出与自我认知相适应的判断。从这个方面来看，虽然前文中对叁伍壹壹城市文化街区的媒介空间进行了系统性的分析，讲述了媒介空间的工业符号呈现、媒介形态组合、话语系统构成，但就共同媒介对叁伍壹壹城市文化街区文化空间的塑形而言，还得从媒介技术更新和媒介环境变迁下人们注重“圈层”文化的社会现象入手，分析那些有着工业情怀的人们所构成的“圈层”对叁伍壹壹城市文化街区文化空间的认同感。当然其中有个体的认知，也有集体的意志，但是最终呈现给外界的是“求同存异”的群体意识，追求的是共同认识、共同记忆、共同文化、共同情感和共同行为，经过长期趋同化、同质化形成的集体意志会对个体意志形成抑制，因此即便是一些个体对群体意志不认同，但出于存在感、归属感、认同感等因素考虑，基本上很难完全脱离圈子。因此对“工业文化”和“圈层文化”的叠加重构是叁伍壹壹城市文化街区文化空间的核心内容，也是培养文化街区自我文化品格和核心目标受众文化素养的重要途径，让身在其中的人们有一种心理和情感上的似曾相识，感觉身边认识或者不认识的人都好像是自己的“工友”“朋友”“邻居”，能从彼此身上看到自己的影子，实现心理的共情和情感的共鸣。大家将这种感受通过小红书等自媒体平台分享、点赞、转发、留言，又形成了一个较大的线上共话“圈层”，“大圈层”“小圈层”“圈层套圈层”。这种无限的循环经过各种自媒体的助推让圈层的外延无限扩大，最终形成对叁伍壹壹城市文化街区文化的群体认知，而这种群体认知又将不断地影响“圈层”成员和新入圈的“个体”，从而推进叁伍壹壹城市文化街区“圈层”群体意志呈现出多元化和稳固化的双重特征。

从文化延续、记忆共享、情感共鸣的角度讲，叁伍壹壹城市文化街区应该强化工业文化熏陶下的“圈层”重构，但它作为一个独立运营的城市商业综合体，应该尽可能适应新媒体驱动下多元化“圈层”的文化特质，适时采取小众化、细分化、精准化的“圈层”营销。毕竟圈层现象如今存在于社会的各个领域，特别是经过移动互联网和智能手机的催化和助推，圈层文化已经成为一种具有典型时代特征的社会现象和文化形态，而且“圈层”营销也已经成为能让用户获得消费满足感、精神归属感与内心获得感的主要营销活动之一。“圈层”成员在小圈子内更容易获得存在感、满足感、归属感、获得感、认同感，实现审美共情、艺术共鸣、情感共通，一定程度上推动了所属“圈层”群体意识固化。例如叁伍壹壹城市文化街区的“鱼圈”“鸟圈”“宠物圈”“稀有动物圈”“网红餐饮圈”“文艺自拍圈”“街区风情圈”“音乐圈”“花花圈”“文创圈”等都属于“圈层文化”与“商业文化”的结合体，是“圈层”营销的核心概念和目标消费群体。这些“圈层”同样在社交媒体上表达着自己对某一种兴趣爱好的看法以及叁伍壹壹城市文化街区满足自己兴趣爱好的程度，具有相同兴趣爱好的群体通过社交媒体平台关键词的连接和基于算法的智能推荐形成了一个又一个无形的“圈子”。这些分享不仅影响着圈内成员，而且还会经过“叁伍壹壹”关键词的连接影响圈外成员，最终与工业文化“圈层”一起重构叁伍壹壹城市文化街区“圈子” 的文化空间 （如图6－1）， 并通过共同媒介的连接和催化让叁伍壹壹城市文化街区 “圈子” 的文化时刻处在动态变化中。 当然， 叁伍壹壹城市文化街区 “圈子” 也不是一个独立 “圈子”， 更不能自说自话、 作茧自缚、 封闭保守， 而是要不断响应城市更新的节奏， 不断顺应城市化进程的步伐， 不断适应人民群众日益变化的对美好生活的需要。 综上所述， 叁伍壹壹城市文化街区 “圈子” 应该是以工业文化 “圈子” 为核心的多元文化圈， 是一个有固定文化基因的动态变化圈， 既要注重共同性、 共有性、 共情性的集体文化表征， 还要注重个性化、 差异化、 分众化的精神文化需求。

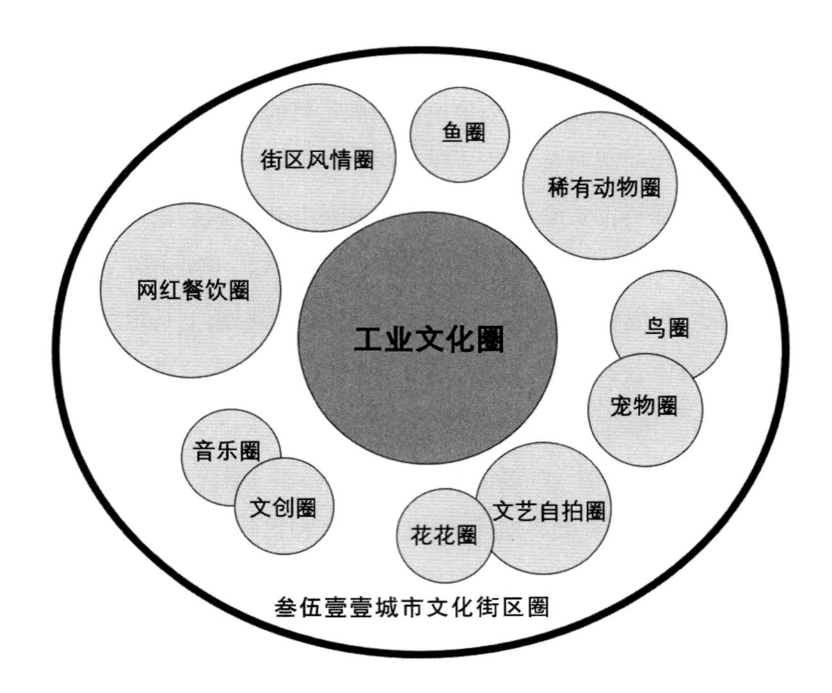

图6－2 叁伍壹壹 “圈子” 内部结构

三、共同行为下的生活空间

在共同记忆、共同情感、共同文化、共同圈层的作用下，不难理解身处叁伍壹壹城市文化街区的人们在行为倾向与行为风格上表现出的一致性，因为这里不仅是一个可以满足人们购物消费的城市商业空间，还是一个具有厚重工业历史背景的文化空间，更是一个富含共同记忆和共同情感的社会生活空间，而这个特殊的生活空间能够影响人们的心理、情感、认知和行为，这里的行为主要指特定的工业文化和城市商业街区文化共同塑造的消费行为。

工业文化对共同行为的塑造在前文中有所涉猎，这里主要分析一下城市商业街区对人们消费行为的影响。现代城市人口密度大，以西安为例，截至2020年底全市总面积为10108平方千米①，建成区面积为700.69平方千米②，常住人口1295.29万人③，平均人口密度为每平方千米约17972人，其中人口密度最大的碑林区每平方千米约32906人。很显然对多数人来说，工作空间和住房空间并不是很充裕，因此闲暇时间不想待在狭小的家里，更希望能出去走走，除了城市周边和农家乐之外，大多数人会选择去商场吃饭、购物、娱乐，但随着人们生活水平的提高和商业综合体购物体验边际效用的递减，具有新营造式的城市街区更加符合休闲消费的需求，更能满足注重生活体验性的消费群体的喜好。以前的商业综合体在功能设置上更多是提供一种买断式的体验，是以商业价值实现为首要目标，而这种买断式的过程实现的是一种满足感。而这种感觉转瞬即逝，难以形成可供分享的消费感受和情感共鸣，而且还有可能产生一系列负面情绪，因为人们长期在一个封闭的空间里逛商场会慢

---

① 西安市情简介.西安市人民政府网.
② 西安市2019年国民经济和社会发展统计公报.西安市政府网.
③ 陕西省第七次全国人口普查主要数据公报（第二号）.陕西省统计局.

慢变得麻木，甚至产生厌倦情绪。但是街区不一样，更加注重氛围的营造，通过物理空间、媒介空间、情景空间和文化空间建构，将人们的消费行为消化在空间氛围之中，将有形的消费行为转化成无形的消遣体验，人们的获得感自然就不一样了，不仅满足了物质方面的购买欲，还得到了一种意外收获的喜悦，更唤起了内心的某种渴望和情感的某种共鸣。

四、小　结

综上所述，叁伍壹壹城市文化街区虽然是一个商业化的存在，但有着比商业空间更加丰富的文化内涵和生活气息。在米禾集市买完水果后沿着通道向右转就是餐饮聚集区。这种布局与昔日的厂内市场有异曲同工之妙，而且有些店面布局也非常接近工厂食堂的风格，例如来七米粉店的红色画像很有时代感，古朴的木质屋檐、木质桌椅、出餐口的木质格栅，这一切都唤醒着人们关于食堂的记忆，传统食堂美食档口和桌椅的复制，对应着极其简易的造型且充满现代感的照明灯具，传统与当下的呼应让空间层次和生活感受更加丰富。当然，美好生活需要仪式感，还需尽可能复活昔日厂区的生活状态，曾经的三五一一厂，在傍晚时分人们纷纷走出家门消遣娱乐，而今的叁伍壹壹城市文化街区，在傍晚时分也有不少周边居民遛弯闲逛，对于回味工厂大院夜生活的人来说，是相聚的好时机，于是以满足不同“圈层”需求为核心的商业主题应运而生，烧烤啤酒自然不在话下。但除了要满足工业文化情怀“圈子”的需求外，还得注重现代商业品味的追求，于是一家主打茶酒融合的酒吧——“澜”融入了叁伍壹壹城市生活空间：在设计上混凝土元素占满整个空间，墙面、吧台立面、酒柜等室内装置都统一使用灰调，这种色彩选择也是向当年的工厂色调看齐，通过“怀旧空间”实现消费者彼此间的感情交流和互动共鸣。除兼顾“怀旧”与“商业”外，叁伍壹壹城市文化街区也在通过差异化的布局来满足不同年龄段、不同消费能力的用户消费感受。一方面，叁伍壹壹城市文化街区打造了丰富的业态组合，消费者可以找到烘焙咖啡、烧烤酒吧、泡馍面食以及生鲜、花卉等不同产品，这既满足了周边居民的日常生活需求，也满足了休闲消遣聚餐的需求。另一方面，叁伍壹壹城市文化街区在同一业态上引入了不同类型的品牌，以满足小众化生活消费需求，以酒吧为例，分别涉及精酿啤酒、啤酒超市、红酒会所等，希望每一个“圈层”都能在这里找到适合自己的生活。当然，能列举出来的都是经典之作，还有很多不尽如人意的地方需要改进提升，无论是从理论层面还是实践层面来看，未来的路还很长，探索永无止境。

总体而言，三五一一老厂区具有位于城市中心区域的地理优势和周边人口密集及消费能力强的环境优势。经过老旧厂区改造提升的叁伍壹壹城市文化街区在城市更新理念的支持下获得了国家政策、城市规划、商业资本等方面的有利条件，为昔日工业文化和现代商业文化的融合造就了适宜的外部环境。而且三五一一老厂区占地面积大、建筑数量多、厂房仓库完整，经过改造提升的叁伍壹壹城市文化街区具备一定的规模效应，其物质空间足以承载多种业态模式，为满足不同“圈层”需求的多元化经营创造了物质条件，运营主体只需根据所处区域的市场环境、消费需求进行合理的业态组合即可。加上文化属性的赋义和共同情感赋能，叁伍壹壹城市文化街区也更容易吸引消费者，有利于打造品牌影响力。但除了自身具备的文化属性、商业属性光环外，如何清晰定位并打造差异化竞争力，最终通过商业化发展之路提升自身的文化价值和商业价值，是决定叁伍壹壹城市文化街区能否可持续发展的关键因素，也是叁伍壹壹城市文化街区物理空间、媒介空间、文化空间、情感空间以及社会生活空间建构的核心要义。

第七章
总结与思考

历史文化街区是城市的基本元素，是城市的记忆载体，是城市生活的真实写照，也是城市发展的一面镜子，承载着最细腻、广阔而深厚的文化，彰显着一座城市的人文和情怀；一座城市历久弥新的奥秘，正在文化街区营造的记忆空间里流淌，这里展示的不仅仅是宏大的空间叙事，更是一种能够让人怦然心动的细微空间记忆。城市文化街区媒介空间的多元建构就是要梳理城市的历史脉络，赋予街区文化内涵，留存城市记忆，传承历史文脉，提升城市内涵。

——笔者

如果要对本书进行一个概念性的总结，应该说有很多方面可以进一步阐释，在此笔者结合前面章节的分析仅从媒介文化研究视角进行一个相对概括性的总结：叁伍壹壹城市文化街区体现了浓厚的媒介特征——从物质空间之场到媒介记忆之场，从媒介技术对工业遗迹的作用到作为文化载体的基本媒介语言，通过媒介符号的表征与演绎被理解、建构和重构。

第一，物质空间是叁伍壹壹城市文化街区媒介空间建构的基础。通过物质空间研究展现这个城市文化街区的前世今生、诞生背景以及建造过程，讲述它是如何在城市更新理念作用下实现老旧厂区的改造提升，分析它是如何通过运用现代城市街区建设理念实现自我的迭代升级，梳理它是如何实现工业建筑遗迹保护与现代商业功能建构两者之间的平衡，同时分析了叁伍壹壹城市文化街区这一物理空间的媒介属性——物理空间属性和媒介信息属性交织而成的立体存在，这个物质空间不仅担负着城市文化街区本身的功能属性和商业属性，还是商业运营主体传播信息、传承文化、传递观念的物质载体和空间媒介。当传播者的思想观念与目标用户的价值追求在这个特定的物质空间通过信息交换达成某种共识、共享、共鸣时，叁伍壹壹城市文化街区这个物质空间的传播功能就会得以彰显，印证其媒介属性。

第二，符号空间是叁伍壹壹城市文化街区媒介空间建构的核心。物质空间是叁伍壹壹城市文化街区得以正常运行的物质载体，也是其媒介属性得以呈现的根基，同时又赋予这个物质空间很多外化的媒介符号属性。例如，负载了独特的表征系统，建构了独特的媒介场域，形成了独特的传播体系。通过详细地描述和系统地分析拓展了这一物质空间作为媒介属性的外延，同时也丰富了叁伍壹壹城市文化街区媒介属性的具体表现形式。例如：空间表现性、符号表征性、价值引导性、技术驱动性、信息传播性、文化整合性、沟通互动性、商业变现性等。总之，在万物皆媒的全媒体时代，仅凭物质空间所表现出来的媒介属性，不可能实现自我形象宣传、自我品牌营造、自我价值塑造的目标，叁伍壹壹城市文化街区最终通过符号空间赋能和商业价值赋义，不仅完成了媒介属性的多元化呈现，也为商业主体可持续发展建构了立体化传播系统。

第三，话语空间是叁伍壹壹城市文化街区媒介空间建构的补充。关于话语空间的分析是对符号空间的延续。如果说符号空间丰富了物质空间的内涵，拓展了媒介空间的外延，那么话语空间就是向受众全方位展示叁伍壹壹城市文化街区运营主体的语言表达技巧。如果说以媒介形态为核心的“他媒体”客观地再现了叁伍壹壹城市文化街区在用户心目中的“媒介画像”，那么话语空间就是通过“我媒体”向用户展示自我心中的“媒介画像”，让运营主体的主观意志和宣传意图通过自我建构的表达体系得以有效传播，并参照“他媒体”建构的“用户画像”进行动态修正，最终实现承载时代记忆的公共话语体系建构。

第四，文化空间是叁伍壹壹城市文化街区媒介空间建构的特质。不论是从物质空间建构过程中对工业建筑遗迹的保护，还是城市文化街区功能设置过程中对工业文明的传承；不论是从符号空间建构过程中媒介符号的运用，还是社交媒体平台上海量用户留言形成的“媒介印象”；抑或是自由媒介平台塑造的“街区形象”，最终都将通过工业文化的选择性传承、城市文化的商业性表达以及时尚文化的多元性写意得以呈现，并形成了叁伍壹壹文化空间的固有特质，是一个综合了艺术性物质空间、表征性符号空间、能动性话语空间、传承性文化空间的多元性媒介空间。其中包罗万象的媒介信息和形式多样的传播手段让这个文化空间具备更强的媒介属性。同时，媒介属性又反过来作用于文化空间独有特质的建构、解构和重构。

第五，记忆空间是叁伍壹壹城市文化街区媒介空间建构的路径。文化空间是经过赋义的媒介空间的呈现形式，旨在形成对共同认知的文化记忆，但这种记忆的形成是一个由个体记忆形态向群体记忆形态过渡和转型的动态机制。在这个动态转型的过程中，叁伍壹壹城市文化街区作为媒介空间，不仅完成了信息传播、文化传承、理念传递的目标，也完成了商业运营主体通过文化赋义唤起消费者群体记忆的目标。因为只有记忆才能唤起人们对工厂文化和工业文明的怀旧情感，而情感需求的满足是刺激消费行为最有效的内化驱动力。而群体消费行为的完成是叁伍壹壹城市文化街区媒介空间建构得以实现的有效路径。叁伍壹壹城市文化街区这一物质空间、符号空间、话语空间、文化空间、记忆空间被赋予了“媒体”的角色，最终实现可持续发展与良性循环的变现是其必由之路。

叁伍壹壹城市文化街区作为一个现代化的城市商业综合体，如何实现可持续发展和良性循环的变现是一道必答题，在前面章节的分析中虽然对此有所涉猎，但没有从认识论、方法论和实践论的角度出发进行系统性思考。行文至此，结合叁伍壹壹城市文化街区改造提升实践中暴露出来的问题，本项目调查研究过程中梳理出来的问题以及深度访谈过程中相关人员反映的问题，并以前文的系统性研究为基础提出如下几点建议：

第一，政府相关政策的可持续性。不论是历史遗迹保护，还是城市发展规划，抑或是土地开发利用形式，首先是国家层面的顶层设计命题，是依靠政策的宏观调控才能完成的课题。发达国家后工业时代城市文化街区的发展历程佐证了这一判断，目前正在如火如荼推进的中国实践和西安样本也印证了这一判断，叁伍壹壹城市文化街区建设过程中存在的主要问题也反映了这一判断。例如，因为军工企业转型的探索性和城市规划的不确定性，运营主体对三五一一厂区的租赁期限只有20年，直接影响了街区的改造升级、投资建设以及发展规划，不论是工业历史遗迹的保护还是现代城市商业功能的规划，都会受20年期限的限制，无法进行深层次设计和长远规划。例如：物质空间改造提升的过程中投资有限，没有将工厂文化和工业文明的核心精髓完全展示出来；符号空间的建构面临短期收益的考验，缺乏对自身符号的立体化梳理与多元化呈现；话语空间的建构以网红效应为主要手段，缺乏对自我品牌的长期塑造意识；文化空间的建构仅仅是依照现有资源进行表面化呈现，缺乏对特有品质的长远追求和机制化包装；记忆空间的建构以刺激短期消费为核心，缺乏对群体记忆和行为的长效引导。鉴于此，笔者提出以下建议：首先，在城市文化街区建设的过程中要有政府层面的宏观把握，政策、法律、规划、文件等层面的支持必不可少；其次，应当根据现代城市化进程的规律进行政策性引导，对老旧工业厂区的改造升级提供政策便利，将城市文化街区建设纳入重点基础设施建设统筹规划；最后，引导类似于叁伍壹壹这种后工业时代的城市文化街区进行长远规划，并为其可持续发展提供政策支持，引导城市文化街区在可持续发展的过程中实现工业遗迹保护与商业价值的双赢。

第二，城市更新理念的可持续性。城市更新推行不能仅仅停留在政府主导的层面，城市规划领域、工程建筑领域、文物保护领域、文化传承领域、学术研究领域都应该对此予以关注，并积极主动进行探索、实践、推广符合目前城市发展的主流观念。无论是国际社会的普遍认可程度，还是国家层面“十四五”规划的重视程度，抑或是地方层面近年来的推进力度，都在围绕城市更新理念寻求符合自我发展的可持续性道路。后工业时代改造提升后形成的文化街区作为城市原生性基因，自然也要践行城市更新理念，只是文化街区建设过程中践行城市更新理念面临的情况比较复杂，例如城市更新、建筑更新、功能更新、符号更新、媒介更新、文化更新、记忆更新等。因此，在具体操作中应该注意以下几点：首先要进行跨学科研讨，充分讨论改造提升过程中可能遇到的问题，从不同学科出发给出理性的解决之道。其次要进行可持续性研判，结合当下的政策和长远规划进行合理布局，让城市更新理念不仅落实在过往中，也要布局到未来规划中。最后要及时总结经验，形成系统性研究报告和学术专著，打造新时代城市更新的样板，并积极申报各种奖项，同时以此为切入点召开相关业务研讨会，借助学术视域参与省市相关课题的申报，从而渗入政府决策系统。

第三，商业运营模式的可持续性。政策支持提供了可能性，城市更新完成了可塑性，唯有商业价值的可持续性才是关键，毕竟城市文化街区不是单纯的公共服务机构，获取利润是生存之道，也是发展之本，因此对可持续性商业运营模式的探索非常重要。当然，作为商业主体要想单方面寻求可持续发展之路并不现实。首先，宏观层面的影响是最关键的，政府政策的变动直接决定着城市文化街区的命运，假如政策导向上鼓励房地产开发拉动经济增长，或许三五一一厂的命运就是铲平；假如政策导向上倡导老旧工业厂区的文化街区探索之路，或许三五一一厂的租赁期限就是70年。其次，中观层面的规划也很重要，文化街区是一个各方面要素综合作用下的产物，要想在追求经济效益的现代城市之中谋求自身的可持续发展，必须具备经济价值、文化价值、社会价值等多方面优势，尽可能实现多重价值“共赢”，在“共赢”中挖掘多元价值。最后，微观层面的自我规划不可或缺，基于现有的资源以及对未来的规划，要借助专业的人才，规划设计符合自身特质的发展之路，实现眼前利益与长远利益的统一。反观叁伍壹壹城市文化街区的运营情况，伴随着经营压力的不断增大，工业文化价值正在消减，特别是一些店面经营主体的频繁更迭，导致建立在原有工业遗存基础上的统一性被打破，工业文化氛围被杂乱无章的商业形态严重破坏，街区原有的媒介系统和文化空间的边界越来越模糊，在很多板块感受不到本该有的工业之风，反而成了工业文明与现代商业文明杂糅一体的“四不像”，从某种程度上讲工业符号反而成了包袱。

综上所述，以上仅仅是基于前面章节的分析以及调研过程中形成的认知给出的个人建议，纯属一家之言，实属纸上谈兵，希望仁人志士批评指正，期待有机会向学界和业界大咖学习。

参考文献

专著

(1) 莫里斯·哈布瓦赫. 论集体记忆［M］. 毕然，郭金华，译. 上海：上海人民出版社，2002.

(2) 罗伯·希尔兹. 空间问题·文化拓扑学和社会空间化［M］. 谢文娟，张顺生，译. 南京：江苏教育出版社，2017.

(3) 扬·盖尔. 交往与空间（第4版）［M］. 何人可，译. 北京：中国建筑工业出版社，2002.

(4) 亨利·列斐伏尔. 空间与政治（第2版）［M］. 李春，译. 上海：上海人民出版社，2015.

(5) 彼得·伯格，托马斯·卢克曼. 现实的社会建构［M］. 吴肃然，译. 北京：北京大学出版社，2019.

(6) 丹尼尔·亚伦·西尔，特里·尼科尔斯·克拉克. 场景：空间品质如何塑造社会生活［M］. 祁述裕，吴军，等，译. 北京：社会科学文献出版社，2019.

(7) 斯科特·麦夸尔. 地理媒介——网络化城市与公共空间的未来［M］. 潘霁，译. 上海：复旦大学出版社，2019.

（8）阿斯特莉特·埃尔，安斯加尔·纽宁. 文化记忆研究指南［M］. 李恭忠，李霞，译. 南京：南京大学出版社，2021.

（9）扬·阿斯曼. 文化记忆［M］. 金寿福，黄晓晨，译. 北京：北京大学出版社，2015.

（10）安德鲁·塔隆. 英国城市更新［M］. 杨帆，译. 上海：同济大学出版社，2017.

（11）托尔斯滕·别克林，迈克尔·彼得莱克. 城市街区［M］. 张路峰，译. 北京：中国建筑工业出版社，2011.

（12）劳伦斯·格罗斯伯格. 媒介建构：流行文化中的大众媒介［M］. 祁林，译. 南京：南京大学出版社，2014.

（13）斯图尔特·霍尔. 表征：文化表征与意指实践［M］. 徐亮，陆兴华，译. 北京：商务印书馆，2013.

（14）鲍海波，童妍. 文化街区媒介意义研究［M］. 西安：世界图书出版西安有限公司，2021.

（15）丹尼尔·亚伦·西尔，特里·尼科尔斯·克拉克. 场景：空间品质如何塑造社会生活［M］. 祁述裕，吴军，译. 北京：社会科学文献出版社，2019.

（16）冯雷. 理解空间：20 世纪空间观念的激变［M］. 北京：中央编译出版社，2017.

（17）刘未鸣，张剑荆. 文化记忆［M］. 北京：中国文史出版社，2019.

（18）苏智良，陈恒. 文化记忆和城市生活［M］. 上海：上海三联书店，2020.

（19）邓庄. 留住乡愁——城市记忆的空间传播［M］. 北京：人民出版社，2020.

（20）鲍海波. 新闻传播的文化批评［M］. 北京：中国社会科学出版

社，2002.

（21）鲍海波. 媒介文化的阐释与批判［M］. 北京：中国社会科学出版社，2009.

（22）单霁翔. 历史文化街区保护［M］. 天津：天津大学出版社，2015.

（23）陈世东. 一个历史街区的文化记忆［M］. 上海：上海教育出版社，2018.

（24）王伟强. 文化街区与城市更新［M］. 上海：同济大学出版社，2006.

（25）凤凰空间 · 华南编辑部. 历史文化街区改造［M］. 南京：江苏凤凰科学技术出版社，2019.

（26）杨不易. 窄巷子 宽生活：成都历史文化街区复兴之路［M］. 成都：四川文艺出版社，2016.

（27）薛东前. 文化集聚 · 文化产业 · 文化街区：重塑丝绸之路的新起点［M］. 西安：陕西师范大学出版总社，2018.

（28）谢纳. 空间生产与文化表征：空间转向视阈中的文学研究［M］. 北京：中国人民大学出版社，2010.

（29）吴云. 历史文化街区重生第一步：历史文化街区保护中调查研究工作体系的中日比较［M］. 北京：中国社会科学出版社，2013.

（30）张宝秀. 历史文化街区保护与更新：北京学国际学术研讨会论文集 2012［M］. 北京：知识产权出版社，2013.

（31）李义杰. 符号创造价值：媒介空间与文化资源的资本转换［M］. 杭州：浙江大学出版社，2016.

（32）方玲玲. 媒介空间论：媒介的空间想象力与城市景观［M］. 北京：中国传媒大学出版社，2011.

（33）谢波. 媒介与公共空间［M］. 南京：江苏人民出版社，2014.

（34）严亚等. 符号·空间·文化：青年的媒介表征实践［M］. 北京：中国社会科学出版社，2021.

（35）克莱尔·库珀·马库斯，卡罗琳·弗朗西斯. 人性场所：城市开放空间设计指原则［M］. 俞孔坚，孙鹏，译. 北京：中国建筑工业出版社，2001.

期刊

（1）刘彬，陈忠暖. 权力、资本与空间：历史街区改造背景下的城市消费空间生产——以成都远洋太古里为例［J］. 国际城市规划，2018，33（1）：75－80＋118.

（2）夏毓婷. 文化与经济的融合：现代城市更新发展的基本遵循——基于历史文化街区创新发展视角［J］. 湖北大学学报（哲学社会科学版），2018，45（5）：138－144.

（3）左辅强. 论城市中心历史街区的柔性发展与适时更新［J］. 城市发展研究，2004，11（5）：13－17.

（4）李冬，王泽烨. 城市历史保护街区的多重价值分析——以哈尔滨花园街区为例［J］. 城市发展研究，2011，18（2）：18－24.

（5）董雅，郭滢. 论城市历史街区整改中的和谐文化——以成都市宽窄巷子历史街区整改为例［J］. 天津大学学报（社会科学版），2011，13（1）：35－38.

（6）黄昭雄. 欧洲城市和街区的社会排斥与机会结构［J］. 城市规划学刊，2005（2）：109－110.

（7）贺静，唐燕，陈欣欣. 新旧街区互动式整体开发——我国大城市传统街区保护与更新的一种模式［J］. 城市规划，2003，27（4）：57－60.

（8）温士贤，廖健豪，蔡浩辉，等. 城镇化进程中历史街区的空间重构与文化实践——广州永庆坊案例［J］. 地理科学进展，2021，40（1）：161－170.

（9）曾诗晴，谢彦君，史艳荣. 时光轴里的旅游体验——历史文化街区日常生活的集体记忆表征及景观化凝视［J］. 旅游学刊，2021，36（2）：70－79.

（10）王建国. 历史文化街区适应性保护改造和活力再生路径探索——以宜兴丁蜀古南街为例［J］. 建筑学报，2021（5）：1－7.

（11）侯志强，曹咪. 游客的怀旧情绪与忠诚——历史文化街区的实证［J］. 华侨大学学报（哲学社会科学版），2020（6）：26－42，79.

（12）孙菲. 从空间生产到空间体验：历史文化街区更新的逻辑考察［J］. 东岳论丛，2020，41（7）：149－155.

（13）祝遵凌，李丰旭. 商业街区景观中历史文化传承与发展——以南京老门东为例［J］. 装饰，2020（10）：124－125.

（14）张毅. 关于打造沈阳民国风貌特色文化街区的探索［J］. 艺术工作，2020（5）：102－104.

（15）李睿，李楚欣，芮光晔. 城市历史景观（HUL）视角下的历史文化街区保护规划编制方法研究——以广州逢源大街—荔湾湖历史文化街区为例［J］. 规划师，2020，36（15）：66－72，85.

（16）孙菲，胡高强. 文化、消费与真实性：城市历史文化街区的改造困境——以福州上下杭为例［J］. 山东社会科学，2020（5）：179－185.

（17）杨亮，汤芳菲. 我国历史文化街区更新实施模式研究及思考［J］. 城市发展研究，2019，26（8）：32－38.

（18）肖竞，李和平，曹珂. 价值导引的历史文化街区保护与发展［J］. 城市发展研究，2019，26（4）：87－94，封2－封3.

（19）张倩，董文强. 文化产业视角下民族历史街区提升发展的路径分析——以西安回民街为例［J］. 广西民族研究，2019（1）：127－132.

（20）吴菱蓉，肖容. 基于生态系统思维的历史文化街区再生设计研究——以南京夫子庙历史文化街区为例［J］. 艺术百家，2019，35（4）：172－176.

（21）陈思怡. 南京老城南门东历史文化街区可持续发展的几点思考［J］. 江苏商论，2021（1）：62－64，79.

（22）叶露，王亮，王畅. 历史文化街区的“微更新”——南京老门东三条营地块设计研究［J］. 建筑学报，2017（4）：82－86.

（23）张中华，焦林申. 城市历史文化街区的地方感营造策略研究——以西安回民街为例［J］. 城市发展研究，2017，24（9）：前插10－前插14.

（24）于英，高宏波，王刚. “微中心”激活历史文化街区——智慧城市背景下的苏州悬桥巷历史街区有机更新探析［J］. 城市发展研究，2017，24（10）：35－40，封3.

（25）韩乐，张楠，张平. 历史文化街区叙事空间设计方法的美学思考［J］. 广东社会科学，2017（2）：75－81.

（26）周颖，李德臣. 历史文化街区商业保护策略探讨——以北京历史文化街区为例［J］. 人民论坛，2016（26）：132－133.

（27）邓啸骢，范霄鹏. 八廓街历史文化街区空间联系与内在活力研究［J］. 规划师，2016，32（z2）：215－218，242.

（28）郭志强，吕斌. 历史文化街区有机更新中的风貌管控——以北京南锣鼓巷为例［J］. 商业经济研究，2018（24）：134－136.

（29）孙津，钱云. 历史文化街区景观构成研究［J］. 中国园林，2018，34（4）：139－144.

（30）马蓓蓓，江军，薛东前. 主客体融合视角下的历史文化街区空间特征——以西安书院门为例［J］. 陕西师范大学学报（自然科学版），2018，46（3）：102－109.

（31）李馥佳，赖阳，韩凝春. 历史文化商业街区建设与提升分析［J］. 商业经济研究，2018（7）：32－34.

（32）陈刚，郑志元，王颖. 地域特色视角下文化创意街区设计策略及表达研究［J］. 江淮论坛，2014（6）：161－164.

（33）尹海洁，王雪洋. 城市历史街区改造中的“文化之殇”——以哈尔滨市道外历史街区为例［J］. 现代城市研究，2014（6）：22－30.

（34）李晶，蔡忠原. 文化大繁荣背景下城市历史街区的再生性保护探究——以邯郸市串成街（城内中街）为例［J］. 城市发展研究，2014，21（3）：78－85.

（35）张希晨，郝靖欣. 城市历史文化街区遗产保护可持续发展途径研究——针对无锡历史文化街区遗产保护工作的整体分析［J］. 四川建筑科学研究，2014，40（4）：338－343.

（36）李翔宇，潘琳，李鸽. 基于文化消费的我国近代商业历史街区更新策略研究［J］. 城市发展研究，2014，21（11）：中插20－中插23.

（37）毕凌岚，钟毅. 历史文化街区保护与发展的泛社会价值研究——以成都市为例［J］. 城市规划，2012，36（7）：44－52，59.

（38）曹昌智. 论历史文化街区和历史建筑的概念界定［J］. 城市发展研究，2012，19（8）：36－40.

（39）钱亚妍. 谈塑造城市历史街区文化的“活性”——以天津五大道历史街区为例［J］. 现代城市研究，2012（10）：20－26.

（40）刘亚. 智媒体时代我国媒介文化研究的多维发展［J］. 传媒，2022（24）：94－96.

（41）刘涛. 媒介文化研究：现象的救赎与理论的生命［J］. 教育传媒研究，2022（03）：13－15.

（42）曾一果. 现代性视域下媒介文化研究的理论发展与反思［J］. 中国图书评论，2021（12）：104－109.

（43）樊飞燕. VR影像的叙事美学与媒介文化研究［J］. 新媒体研究，2021，7（21）：119－122.

（44）丁凡，李麟学. 学科交叉视野下的城市媒介文化研究——对于“城市传播导论”课程的部分设想［J］. 城市建筑，2021，18（26）：120－122.

（45）王晟添，吕若楠. 短视频符号生产与传播中的媒介文化研究［J］. 青年记者，2020（30）：33－34.

（46）陈亦水. 柏拉图之穴：关于虚拟现实（VR）影像艺术的媒介文化研究［J］. 电影评介，2020（16）：4－9.

（47）罗成. “中介”的潜能——格罗斯伯格的媒介文化研究及其思想意义［J］. 中国文学研究，2019（04）：1－8.

（48）林小丁. 探析媒介文化研究视角的网络古风音乐现象［J］. 传媒论坛，2018，1（17）：170－171.

（49）王敏芝. 全球化语境下媒介文化生产的价值期许［J］. 陕西师范大学学报（哲学社会科学版），2018，47（02）：157－162.

（50）闫方洁. 媒介文化研究视角下“弹幕”的生成机制及其亚文化意义［J］. 思想理论教育，2017（10）：81－85.

（51）张泉泉. 中国媒介文化研究的本土化探索［J］. 当代传播，2016（05）：63－67.

（52）王颖吉. 媒介文化研究进路：从意识形态话语到技术效应的综合［J］. 当代传播，2016（04）：20－22.

（53）冯露. 媒介文化研究中的实证与批判［J］. 青年记者，2016（09）：50－51.

（54）隋岩. 媒介文化研究的三个路径［J］. 新闻大学，2015（04）：76－85.

（55）鲁春梅. 从大众文化到媒介文化：问题域与研究向度的转移［J］. 新闻

传播，2013（02）：20－21.

（56）毛逸源.第三空间视域下实体书店参与城市文化空间建构研究［J］.中国出版，2021（21）：62－65.

（57）宋道雷.城市文化治理的空间谱系：以街区、社区和楼道为考察对象［J］.福建论坛（人文社会科学版），2021（08）：40－47.

（58）张伟博.媒介、建筑与空间视角下的城市形象传播研究——以南京为例［J］.现代城市研究，2020（12）：106－111.

（59）支文军.媒介空间：传播视野下的城市与建筑［J］.时代建筑，2019（02）：1.

学位论文

（1）张颖.媒介文化视域中的文学经典论争［D］.西安：陕西师范大学，2014.

（2）王敏芝.1990年代以来中国媒介文化生产的体系性嬗变［D］.西安：陕西师范大学，2014.

（3）刘坚.媒介文化思潮与当代文学观念［D］.长春：吉林大学，2012.

（4）赵瑞华.媒介文化与休闲异化［D］.广州：暨南大学，2011.

（5）赵婉彤.城市文化空间理性内涵与优化路径［D］.西安：西安电子科技大学，2021.

（6）蔡绍硕.武汉文化创意产业园区的空间生产与城市文化传播研究［D］.武汉：中南民族大学，2021.

外文文献

（1）Marta Najda-Janoszka，Sebastian Kopera. Exploring Barriers to Innovation in

Tourism Industry-The Case of Southern Region of Poland [J] . Procedia-Social and Behavioral Sciences . 2014.

(2) Raija Komppula. Tourism Management . The role of individual entrepreneurs in the development of competitiveness for a rural tourism destination-A case study [J] . Tourism Management, 2014.

(3) Rhodri Thomas, Gareth Shaw, Stephen J. Page. Understanding small firms in tourism: A perspective on research trends and challenges [J] . Tourism Management, 2011 (5).

(4) Karin Schianetz, Lydia Kavanagh, David Lockington. The Learning Tourism Destination: The potential of a learning organisation approach for improving the sustainability of tourism destinations [J] . Tourism Management, 2007 (6).

(5) Maria D. Alvarez. Creative cities and cultural spaces: new perspectives for city tourism [J] . International Journal of Culture, Tourism and Hospitality Research, 2010 (3).

(6) Ren-Jye Dzeng, Hsin-Yun Lee. Activity and value orientated decision support for the development planning of a theme park [J] . Expert Systems With Applications, 2006 (4).

(7) Ady Milman. The global theme park industry [J] . Worldwide Hospitality and Tourism Themes, 2010 (3).

(8) Chennan (Nancy) Fan, Wall Geoffrey, Mitchell Clare J. A. Creative destruction and the water town of Luzhi, China [J] . Tourism Management, 2007 (4).

(9) Helene Yi Bei Huang, Wall Geoffrey, Mitchell Clare J. A. Creative destruction Zhu Jia Jiao, China [J] . Annals of Tourism Research, 2007 (4).

(10) Jarkko Saarinen. Local tourism awareness: Community views in Katutura and

King Nehale Conservancy, Namibia [J]. Development Southern Africa, 2010 (5).

(11) Martin J L. What Is Field Theory? [J]. American journal of sociology, 2003, 109 (1).

(12) Couldry N. Media meta-capital: Extending the range of Bourdieu's field theory [J]. Theory and society 2003, 32 (5-6).

(13) Benson Rodney. News Media As a "Journalistic Field": What Bourdieu Adds to New Institutionalism and Vice Versa [J]. Political Communication, 2006, 23 (2).

(14) Marliè re P. The Rules of the JournalisticField Pierre Bourdieu's Contribution to the Sociology of the Media [J]. EuropeanJournal of Communication, 1998, 13 (2).

(15) Murdock G, Pierre Bourdieu. Distinction: a social critique of the judgement of taste [J]. International Journal ofCultural Policy, 2010, 16 (1).

(16) Tandoc Jr E C. Why web analytics click: Factors affecting the ways journalists use audience metrics [J]. Journalism Studies, 2015, 16 (6).

(17) Hesmondhalgh D. Bourdieu, the media andcultural production [J]. Media, culture & society, 2006, 28 (2).

附　录

面对面访谈对象基本信息表

编号	性别年龄	身份	访谈内容关键词与核心观点	访谈地点
G－01	男，54	运营公司执行董事	租赁期限20年　改造提升　街区有特色　资金　招商	招商中心
G－02	男，47	投资公司高管	资金　工业特色　街区特色　打造网红地　续租	仓库
G－03	男，32	运营公司法人代表	特色明显　经济不行　运营模式创新　花鱼市场	招商中心
G－04	男，30	运营公司招商部主管	招商难　品牌重要　打造网红　资金　特色营销	招商中心
G－05	男，29	运营公司总经理	区域优势　工业风格　早市　社区服务　截取特色　资金	街区
L－01	男，76	老员工	保留记忆　过度商业化　老物件　喜欢来这里	街区咖啡店
L－02	男，68	厂报编辑	军工背景　辉煌历史　保留记忆　先进典型　媒体报道　记录历史	街区罐罐茶

续表

编号	性别年龄	身份	访谈内容关键词与核心观点	访谈地点
L－03	男，65	厂二代 钳工	厂区生活　记忆深刻　大院生活 经常来这里　给朋友讲述这里	街区座椅
L－04	男，83	老工人	过度商业化　眼花缭乱 工业特色还不够凸显	街区咖啡店
L－05	男，74	老员工	感觉挺好　喜欢花市 还是找不到工厂的感觉	街区座椅
L－06	男，65	厂二代 染色工	劳模子女　从小在厂里生活 有感情　给家人讲述厂区生活	街区座椅
L－07	女，83	劳模	工作热情　戴大红花　表彰会	街区咖啡店
L－08	女，67	播音员	随父母来到三五一一厂 工作退休　经常来街区	街区路边
J－01	女，57	花摊老板	环境好　生意好　感觉不错	摊位
J－02	女，44	花摊老板	拆迁后搬迁至此　生意还行	摊位
J－03	男，58	花摊老板	透明屋顶非常好　环境不错	摊位
J－04	女，37	水族店老板	街区活动多　顾客多　环境好	店内
J－05	女，46	水族店店员	节假日忙　平时不忙　感觉不错	店内
J－06	男，62	水族店老板	拍照的年轻人多　环境不错 闲逛的老年人多　买的人不多	店内
J－07	男，30 多	面馆收银员	老顾客不多　停车不方便	店内
J－08	女，20 多	花店老板	在小红书宣传　有品位 空间布局有意思	店内
J－09	女，40 多	咖啡店老板	顾客不多　空间设计独特	店内

续表

编号	性别年龄	身份	访谈内容关键词与核心观点	访谈地点
J－10	女，30多	酒吧老板	装修有特点　工业风　生意不行	店内
J－11	男，56	水果摊老板	价格便宜　老顾客多　生意还行	摊位
J－12	女，44	烧烤店老板	夏天人多　疫情影响　成本高	店内
J－13	女，30多	蛋糕店老板	生意不错　顾客挺多	店内
X－01	男，33	都市白领	朋友说不错　来看看	街区路边
X－02	男，37	都市白领	给娃买鱼　路过好多次了	水族店
X－03	女，20多	大学生	小红书上评价不错　来看看 现场感觉也挺好	街区
X－04	男，20多	大学生	女朋友要来　自己跟着来 拍照发朋友圈　很多人问	街区
X－05	男，58	市民	逛完早市进来转转　喜欢 有时候买点儿海鲜　感觉不错	街区
X－06	男，66	退休工人	能找到厂里的感觉　经常来	街区
X－07	女，31	自由职业	经常来这里拍照　买花	街区
X－08	女，30多	主播	花市鱼市镜头感好 街区感觉好　来过四次	街区
X－09	男，52	市民	带家人来这里逛逛　很别致	街区
X－10	男，66	退休人员	晚上经常来这里逛一逛 街区有意思　适合拍电影	街区
X－11	女，20多	大学生	学摄影的　这里设计很有特色	街区
X－12	女，61	进城人员	经常带孩子来这里看鱼 吃饭也方便　有休息的地方	街区

续表

编号	性别年龄	身份	访谈内容关键词与核心观点	访谈地点
X－13	女，33	文字工作者	微博上说不错　自己也要写	街区
X－14	女，36	专职妈妈	带娃来玩　吃饭买东西方便	街区
X－15	女，53	保洁员	这里变化特别大　东西不贵	街区
X－16	女，37	设计师	屋顶设计有特色　对自己有启发 经常来买花　工业风很流行	街区
X－17	男，71	老工人	附近保留工业风的地方 很有感触　经常带老伙计来	街区
X－18	男，77	老工人	老厂子的感觉不够 食堂　大锅饭　老物件	街区
X－19	女，11	小学生	喜欢来看鱼和花　经常买蛋糕	街区
X－20	女，46	市民	适合拍老电影　二层设计很特别	街区

注释：

G：表示受访者为叁伍壹壹城市文化街区的运营管理人员；

L：表示受访者为三五一一厂的老员工；

J：表示受访者为叁伍壹壹城市文化街区的商户经营人员；

X：表示受访者为叁伍壹壹城市文化街区的消费人员；

说明：

有些受访者不愿意说具体年龄，只说年龄大概为20多岁或30多岁。

后 记

虽然我从事新闻工作十余载，见证了媒介生态日新月异的变化，也参与了媒介融合发展的具体实践，但依然很难把握新技术驱动下的全媒体探索之路。很遗憾没有能力对这项熟悉而又陌生的新闻业务进行深入研究，于是在导师的建议下选择了城市公共空间媒介文化作为研究方向。本书算是城市公共空间媒介文化研究的阶段性总结，也是一名新闻从业者转型做学术研究的开篇之作。

回顾《城市文化街区及其媒介空间多元建构》的研究过程，虽然写作历时两年多，但沉淀的时间远远超过了两年，可以说是多年学习积累、工作实践与人生阅历的综合体现，不仅见证了我的研究之路，更体现了我的成长。

我从祖国西北的贫困山区到十三朝古都西安，一路走来真可谓风雨兼程，每天追着月光跑几十里山路上学；从面朝黄土背朝天、辛勤劳作的乡村到国际化大都市、冬暖夏凉的办公室，一路走来真可谓披荆斩棘；城里孩子在父母百般呵护下备战高考时，我早已练就了一身本领，日常生活依靠自己，勤奋认真地学习，经过了不懈努力才得以考上兰州大学；从初出茅庐的青涩少年到事业稳定的中流砥柱，一路走来可谓砥砺前行。西北地区最具影响力的媒体——华商报不仅给我提供了工作机会和成长空间，也为我踏入陕西师范大学进一步深造给予了大力支持。

从2009年本科毕业到2019年再次踏入象牙塔的大门，十年间虽然我一直从事新闻工作，从记者到编辑，从小编到首席编辑。可以说，我的工作是天天与文字打交道，但新闻业与新闻学之间的鸿沟是客观存在的。因此，作为新闻从业者重拾书本，开启学习生涯，似乎面临很多困难，更何况还要面对工作压力和生活压力的挑战，尤其是时间安排成了最困难的问题。

常言道："有志者，事竟成。"只要有想法，总会有办法，在报社同事、兰州大学校友、陕西师范大学学长王骞的引荐下，有幸考入陕西师范大学新闻与传播学院，师从鲍海波教授。在鲍老师和各位老师的关心和帮助下，由"记者型"向"学者型"转变，先后发表了多篇学术论文，其中《传统媒体战"疫"报道的情绪表达》《"十四运会"报道的宏观叙事与微观表达》荣获陕西新闻奖论文三等奖。鲍老师先后多次和我研讨这本书，确定研究思路，规划论文框架，修改访谈提纲，为文章撰写奠定了基础，并经过多次修改使得这本书得以成型。再次感谢鲍老师的孜孜教诲，也衷心地感谢新闻与传播学院各位领导和老师的培养和帮助。

回望来时路，感谢那个追光的自己，感谢父母的辛苦付出、妻子的大力支持、孩子的乖巧听话、老师的悉心栽培，以及单位培养与支持。最后要特别感谢世界图书出版西安有限公司赵亚强和符鑫的精心编辑和校对，感谢为本研究提供技术支持的西安耀秦网络科技有限公司。正是因为有了大家的辛勤付出和友情支持，才让本书以现在的面貌呈现在读者面前，在此表达由衷的敬意和谢意！

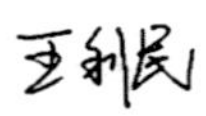

2024年12月